EuP指令入門

エコデザインマネジメントの実践に向けて

Introduction to "EuP Directive"
for practical implementation of Ecodesign Management

市川芳明 編著

傘木和俊 齋藤潔 著

社団法人 産業環境管理協会
Japan Environmental Management Association for Industry

発刊にあたって

　私共，産業環境管理協会は1992年の環境マネジメント規格ISO 14000シリーズの標準化作業開始以来，製品にかかわる環境設計手法であるDfE，評価手法としてのLCA，そして表示手段である環境ラベルに関しての調査，研究，プログラム開発，普及活動等に取組んできた．そのような立場からEUにおける包括的環境製品政策（IPP：Integrated Product Policy）が発表された2001年頃からEUにおけるその動向に注目し，エネルギー使用製品にlife cycle thinkingの考えに立った環境適合設計（エコデザイン）を求めることを内容とした複数のEU指令草案の動向を見守ることとなった．

　その後，2002年11月に発表された指令草案が本書で取上げるEuP指令「エネルギー使用製品に対する環境配慮設計要求事項設定のための枠組みを構築する指令」である．同指令草案は発表後幾つかの曲折を経て2005年5月，欧州議会の承認を得て，同年7月にEU理事会指令として発効となった．実施は同指令に基づくEU加盟各国の施行体制が整う2007年8月以降とされており，欧州市場でビジネスを展開されている日本の企業には少なからぬ影響を及ぼすものと考えられる．同指令の内容が明らかになった現時点で，EuP指令についての解説は今後の対応を模索する企業にとっても時宜を得たものと思料し，ここに本書を発刊することとしたものである．

　本書発刊の企画に当たっては，執筆の中心となられた株式会社日立製作所産業システム事業部の市川芳明氏および社団法人日本電機工業会環境部の齋藤潔氏のご意見を多いに取り入れた．また，日本機械輸出組合殿からは巻末付属資料として掲載したEuP指令日本語訳のベースとなる仮訳をご提供いただいた．この場を借りて関係各位のご協力に厚く御礼申し上げたい．

　なお，本書発刊の現時点では，EuP指令実施に必要な「実施措置」が14の製品群にわたって検討中である．それら実施措置が明らかになった後には，本

書の姉妹版としての EuP 指令対策編を刊行したいと考えていることを申し添え，併せて本書が関係各方面で利用されることを念じます．

2006 年 11 月

社団法人産業環境管理協会
会　長　　南　直哉

はじめに

　本書は，2005年7月22日にEUにおいて官報公示された2005/32/EC「エネルギー使用製品に対する環境配慮設計要求事項設定のための枠組みを構築する指令」および今後予定されている実施措置を含めた，いわゆるEuP指令についての，分りやすい解説を試みたものである．

　EuP指令，あるいは通称，エコデザイン指令は世界で初めて環境配慮設計を法的に義務化した歴史的な法律である．しかし，その内容は必ずしも理解が容易ではない．まして環境のエキスパートではない設計者にとっては，欧州向け製品戦略上の大きな課題になるだろう．本来，日本はエコデザインが盛んな国である．しかし，法的な義務や明確な定義がなく，国際標準規格もなかったことから，各人各様のやり方で自主的に取り組んできた経緯がある．EuP指令への対応もこれまで通りのやり方で通用すると安易に思っていると，欧州市場から排除されるという経営危機にも繋がりかねない．

　そこで，本書では入門編としてEuPの生まれた背景，指令本文の日本語訳に基づく主要条文の解説，関連する国際的な動き，そして日本企業としての取組みの要点を述べた．巻末には全文の日本語訳も掲載した．本書初版の出版後に実施措置がEU委員会より発効される予定であるが，その際には「対策編」としてさらに具体的な解説を出版する計画である．

　本書の執筆のベースとなった情報をご教示いただきました，Japan Business Council in Europe (JBCE) の平塚敦之氏，Fraunhofer研究所のLutz Stobbe氏，IECTC 111の森紘一議長，Andrea Legnani幹事，株式会社リコー佐藤孝夫氏をはじめとする多くの皆様に感謝いたします．また，社団法人産業環境管理協会の須田茂氏，横山宏氏，浜野昌弘氏には本書の作成に当たって多大なるお世話になりましたことに御礼申し上げます．

　　2006年11月　　　　　　　　　　　　　　　　　　　　　市川芳明

目次

発刊に当たって……………………………………………………… i
はじめに…………………………………………………………… iii
目　次……………………………………………………………… v

第1部 EuPって何？ ―背景と経緯― ……………………………1

1章 背　景 ………………………………………………………2
1.1　EUが展開する製品環境政策 ……………………………2
1.2　第6次環境行動計画 ………………………………………5
1.3　IPP（Integrated Product Policy） ………………………6
1.4　EUの行政組織について …………………………………8
1.5　EUの法体系について ……………………………………9

2章 経　緯 ………………………………………………………11
2.1　IPPからEuPへ ……………………………………………11
2.2　EuP指令の検討 ……………………………………………16
2.3　EuP指令全体のスケジュール ……………………………18

第2部 EuPとは―その概要― ………………………………………21

1章 EuP指令の概要 ……………………………………………22
1.1　EuP指令の特徴 ……………………………………………22
1.2　対象となる製品 ……………………………………………24
1.3　2種類の要求事項 …………………………………………26

1.4 枠組み指令と実施措置 …………………………………………………26
1.5 ニューアプローチと整合規格 …………………………………………27

2章　EuP枠組み指令の条文解説 …………………………………………29

2.1 前文 …………………………………………………………………………29
2.2 第1条（対象事項および範囲） ………………………………………33
2.3 第2条（定義） ……………………………………………………………33
2.4 第3条（上市および/またはサービス供与） …………………………38
2.5 第5条（マーキングおよび適合宣言） …………………………………39
2.6 第7条（セーフガード条項） ……………………………………………39
2.7 第8条（適合性評価） ……………………………………………………40
2.8 第9条（見做し適合） ……………………………………………………44
2.9 第10条（整合規格） ……………………………………………………45
2.10 第11条（構成部品および組品の要求事項） …………………………46
2.11 第14条（消費者への情報） ……………………………………………47
2.12 第15条（実施措置） ……………………………………………………47
2.13 第16条（作業計画） ……………………………………………………52
2.14 第18条（コンサルテーションフォーラム） …………………………54
2.15 第20条（罰則） …………………………………………………………54
2.16 第25条（実施） …………………………………………………………55
2.17 付属書I（一般的環境配慮設計要求事項の設定方法） ………………56
2.18 付属書II（特定環境配慮設計要求事項の設定方法） …………………61
2.19 付属書IV（内部設計管理） ……………………………………………63
2.20 付属書V（適合性評価のためのマネジメントシステム） ……………65
2.21 付属書VI（適合宣言） …………………………………………………69
2.22 付属書VII（実施措置の内容） …………………………………………70
2.23 EuP枠組み指令条文の相互関係 ………………………………………70

3章　EuP に関する規格化の動向 ……72
3.1　国際規格と EuP の関係 ……72
3.2　IEC と ISO ……74
3.3　IEC TC 111 の活動状況 ……74
3.4　WG 2 での IEC 62430 の策定作業 ……76
3.5　IEC 62430 の概要 ……78

第 3 部　EuP 指令がもたらす影響と対策 ……83

1章　EuP 指令の何が問題か？ ……84
1.1　サプライチェーン規制の問題 ……84
1.2　環境配慮設計パラメータの問題 ……85
1.3　CE マーキングの問題 ……86

2章　EuP 指令にどのように対処すべきか ……88
2.1　日本の状況からみた EuP 対応の方向性 ……88
2.1.1　環境配慮設計―日本における法制化の状況 ……88
2.1.2　電機・電子業界の取組み ……90
2.1.3　製品アセスメントの充実 ……92
2.1.4　情報開示ツールの充実 ……96
2.1.5　製品 3R システムの高度化
　　　　　―グリーン・プロダクト・チェーンの実現 ……101
2.2　今からはじめる企業としての対策 ……105
2.2.1　体制の構築 ……106
2.2.2　社内現状調査 ……107
2.2.3　エコデザインマニュアルの策定 ……107
2.2.4　IT インフラと設計方法の構築 ……108

2.2.5　ロビー活動への参加…………………………………………110

付属資料 ……………………………………………………………………113
　Ⅰ　EuP 原文（英語版）……………………………………………115
　Ⅱ　日本語訳 …………………………………………………………161

索　引 …………………………………………………………………………217

第1部
EuPって何?
―背景と経緯―

1章 背 景

EuP 指令（正式名称：「Proposal for a DIRECTIVE OF THE EUROPEAN PARLIAMENT AND OF THE CONCIL on establishing a framework for the setting of Ecodesign requirements for Energy Using Products」，日本語では：「エネルギー使用製品に対するエコデザイン要求事項の設定のための枠組みを設けることに関する欧州議会及び理事会指令案」として，2005 年 7 月 22 日に公布され，8 月 11 日に発効された．

本章では，EuP 指令の生まれた背景やその意図目的について触れるとともに，背景に流れる製品のライフサイクル管理の新たな潮流や変化の意味について述べる．

1.1 EU が展開する製品環境政策

以下に欧州連合（EU）が，展開している製品の環境側面にかかわる政策の概要を示す．

表 1.1.1 EU が展開する主な環境製品政策

名 称	概 要
第 6 次環境行動計画	○環境に関する優先事項および具体的な実行水準の達成義務を伴う行動に関する文書で，2002 年 7 月から 10 年間を対象として達成すべき環境目標が設定されている． ○化学物質にかかわる目標と優先分野が示されている． ・化学物質の使用に起因する潜在的な負の影響に関する知識を深める必要があり，知識提供の責任は生産者，輸入業者および川下ユーザーが負うべきである． ・危険な化学物質は，人と環境に対する危険を軽減することを目的とし，より安全な化学物質あるいは化学物質の使用を必要としない，より安全な代替技術に換えるべきである．

名 称	概 要
Integrated Product Policy (IPP，統合的製品政策)	○IPPは，ライフサイクル思考に基づき製品による環境への影響を最小化しようとする考え方に基づいたものである．製品ライフサイクルは長く複雑な場合が多く，同時に，設計者や製造者，小売店，消費者など多くの人々がかかわることになる．これらの個々の段階で，製品の環境パフォーマンスを向上させようとするのがIPPである． ○2003年6月に出されたコミュニケ（通達）では，法的な枠組みではなく，自主的なアプローチを取ることが示されている． ○具体的な戦略としては，すでに実施されているさまざまな方策の修正と拡大に加えて，環境負荷を大きく削減することが可能な特定製品（パイロット製品）を選び，パイロットプロジェクトを進めるとされる．
EuPに関する指令案	○環境設計指令（EEE）とエネルギー効率化指令（EER）が統合され，EuPとなった． ○新しいEuP指令案は，すべてのエネルギー使用製品を対象とするもので，枠組み指令である．枠組み指令のため，この指令が実施対策指令として発効するまでは，製品は要求事項の対象にはならない． ○この案には5つの重要な要求事項が設定されている．「エコデザインの要求事項」，「適合性（conformity）のアセスメントの手続に関するもの」，「CEマークの要求事項」，「ある製品に関して，上市に対する規制が課されること（前述の要求事項を満たしていない製品は上市できない）」，「実施対策指令の採択にあたっての委員会手続」である． ○実施対策指令は，非常に重要で詳細な側面を含んでおり，製造者側に直接影響を与えるものとなる．例えば，「製品のライフサイクル全体を通じての環境側面のアセスメントを行なう」ことが製造者に要求されており，これを使って，製品の環境上のパフォーマンスを改善することも求められている．
欧州新化学品規則案 (REACH)	○2001年2月，欧州委員会は，予防原則を中心的な原則とした化学物質に関するEUの将来的な戦略を示す白書「将来の化学物質政策戦略」を採択した．具体的な施策の中心は，化学物質を「既存」と「新規」の2つのカテゴリーに分類し，「REACH」と呼ばれる1つの統合的な評価システムに転換することにある． ○Registration：企業は，年間の製造または輸入量が1t超のすべての既存・新規化学物質（約3万物質）について，基礎的情報を提出し，中央データベースに登録する．登録書類の提出期限は，当該化学物質の年間の製造または輸入量に応じて，定められている． ○Evaluation：年間の製造または輸入量が100tを超えるすべての物質（約5000物質）または，年間の製造または輸入量100t以下の物質についても必要な場合には，政府当局が登録情報を評価する． ○Authorization：発ガン性，突然変異誘発性，生殖への有害性を有する物質（CMRs），残留性有機汚染物質（POPs）についての許可 ○化学物質を製造，輸入，使用する企業は，化学物質利用から生じるリスクを評価し，明らかになったすべてのリスクを管理するため，必要な手段を講じなければならず，市場に安全な化学物質を流通させる証明責任を，公的機関から企業へ転換させるものである．

名　称	概　要
欧州新化学品規則案 (REACH)	①新規化学物質に関する規制と既存化学物質に関する規制を単一の規制の枠組みへ移行． 　これにより新たに市場に導入される化学物質(新規化学物質)だけでなく，既に市場に供給されている化学物質(既存化学物質)についても登録を義務づけること． ②登録の際には有害性データや暴露データの提出を求めるだけでなく，既存化学物質について従来政府が行なってきたリスク評価の実施義務を産業界に転嫁すること． ③リスク評価の義務を，化学物質の製造・輸入業者だけでなく，ユーザー産業にも課すこと． ④発癌物質など懸念される化学物質については，個々の用途ごとに上市認可システムを導入(産業界においてリスクが極めて小さいこと等が証明できない限り，上市を禁止)． ⑤上記のほか，一定の条件の下で，化学品を使用している成形品(article)についても，含まれる化学物質についての登録を要求すること
廃電気電子機器指令(WEEE指令) (2002/96/EC)	○加盟国は廃家電・電子機器を回収するシステムを構築し，これらの廃棄物を別に回収するための手法を採用し，一人当たり年間4kgという回収目標を達成しなければならない． ○有害化学物質については，カドミウム，水銀など4種の重金属および臭化難燃剤(PBB, PBDE)について，2006年7月1日から新規の電子機器への使用が禁止される(RoHSを参照)．
有害物質規制指令(RoHS指令) (2002/95/EC)	○対象：(1) 大型・小型家電製品，情報通信機器，家庭用機器，照明機器，電動工具，玩具，遊具，運動具，自動販売機，電球および蛍光管が対象．医療器具および制御用機器は対象外．(2) 2006年7月1日以前に投入された電気・電子機器の修理，およびリユースのためのスペアパーツには適用しない． ○使用禁止：(1) 加盟国は，2006年7月1日から，市場に投入される新しい電気・電子機器が，鉛，水銀，カドミウム，六価クロム，特定臭素系難燃剤(PBB, PBDE)を含まないことを確保する． ○使用禁止の例外：ブラウン管(CRT)，電子部品および蛍光管のガラス中の鉛など
廃自動車指令(ELV指令) (2000/53/EC)	○目的：廃自動車の処分を減らすための廃棄物の利用・リサイクル・再生，自動車のライフサイクルにかかわるオペレータの環境パフォーマンス改善 ○対象製品：車両・ELV・構成部品・材料・補修部品・交換部品 ○環境負荷物質の使用条件付き制限：2003年7月以降，鉛，水銀，カドミウム，六価クロム(2003年7月以降の販売車は原則使用禁止，例外規定あり) ○生産者の役割：リサイクルへの関与，解体業者への情報提供(特に有害物質)
使用済みバッテリー指令 (91/157/EEC)	○対象：民生用，産業用および自動車用のすべての電池 ○販売禁止：水銀を0.0005%以上含む電池，同2%以上含むボタンセルカドミウムを0.002%以上含む電池(2008年1月より)

（出典）　各種公開資料より作成

1.2 第6次環境行動計画

上述の欧州における主な化学物質関連政策のうち,そのきっかけとなっている第6次環境行動計画について背景と基本的考え方を以下に述べる.特にこの第6次環境行動計画の実現が欧州における戦略となっている点から,今日の規制や規則の意味を理解するうえでは大いに参考になると思われる.

欧州議会で2002年7月に採択された「第6次環境行動計画」は,2001～2010年の10年間におけるEUの環境戦略の規範となっている.本行動計画は4つの重点領域と5つの戦略的アプローチを基本としている.

1) 4つの重点領域(環境方針と目標の設定)

4つの重点領域とは,①気候変動問題,②自然保護と生物多様性,③環境と健康,④天然資源の持続的利用と廃棄物の持続的管理である.これらすべてに目標が設定されている.

2) 5つの戦略的アプローチ

基本方針は,規制を確実に実施しつつ,環境配慮を他の政策への内政化・統合化を深め,社会全体として取り組めるような革新的アプローチを常に取り入れていく.そのため,以下の5つの戦略的アプローチが定められている.

①加盟各国に対してEU指令の確実な履行を求め,また,「エコラベル」制度の活用などにより規制手段以外の自主的な取り組みを促進する.

②エネルギー,運輸,産業,農業など他の政策を企画立案する早期段階において環境配慮を組み込む.

③環境目標の達成に向けて市場メカニズムを活用する.

④市民が環境問題に対する情報発信者としての役割を果たす.

⑤土地利用計画や土地管理に関する意思決定の際には早期段階での環境アセスメントの実施を義務化する.

3) 市民に対する権限の付与

環境問題に関する情報へのアクセス,意思決定プロセスへの市民の参加,裁判へのアクセスの権利をそれぞれ法的に明確化する.

4) 環境と健康

大気，水質，有害化学物質，騒音など環境問題の影響に対する予防原則，リスク防止，弱者保護を考慮した環境・健康への包括的アプローチを実施する．

5) 天然資源の持続的利用と廃棄物の持続的管理

①資源効率，資源管理
・資源の持続的使用を保証する方策．

②廃棄物の予防，管理
・廃棄物の発生と経済成長を切離し，廃棄物の予防策の改善により世界レベルでの廃棄物の量の削減．

③政策的アプローチ
・廃棄物発生の予防が最優先，再利用（再使用，リサイクル，エネルギーの再利用），処分（エネルギー再利用を伴わない焼却，投棄）の順に取り組む．

④廃棄物のリサイクル奨励
・廃棄物は可能な限り再利用，中でもリサイクルが優先
・廃棄物のリサイクルに関するテーマ別戦略
・リサイクルされた物質のための市場創設促進策や手段の決定

1.3 IPP (Integrated Product Policy)

IPPとは「包括的製品政策」と訳され，第6次環境行動計画のうち特に天然資源の持続的利用と廃棄物の持続的管理を上位とする概念を具体化するものである．この政策はグリーンな製品の市場開拓促進のための製品環境政策として，2001年2月にIPPに関するグリーンペーパーが，そして2003年6月コミュニケとしてEU委員会から発表された．

IPPは製品ライフサイクルのすべての段階を視野において，製品がもたらす環境負荷を最小化することを目指した方策の概念である．ここでは，EuP指令の背景の直接的な意味を有するIPPについて触れる．

IPPのアプローチの特徴は，①原材料の採掘，製品の生産，流通・販売，使用，廃棄・リサイクルなど製品ライフサイクルの各段階に対して，②自主的な取組や規制，経済的手法や環境ラベル，製品設計ガイドラインなどさまざまな政策手法を，必要に応じて目的の修正や強化をしながら包括的（統合的）に活用・適用することである．このアプローチにより，製品に起因する環境負荷を効率的かつ迅速に軽減することを目指している．IPPの構成要素としては，以下のような措置があげられている．

①環境により負担の少ない製品の開発を目標とする措置
②製品の消費により発生する廃棄物の削減と管理を目的とする措置
③環境により負担の少ない製品の市場を創設するための措置
④製品連鎖における上流・下流への情報伝達のための措置
⑤製品システムによる環境への負荷を管理するために責任を割りあてる措置

具体的には，IPPの基本フレームは，以下の基本方針とその戦略からなっている．つまり，ライフサイクルを思考しつつ，利害関係者の参加を求め，それらを具体化させるためには多様な政策手段を講じるというものである．まず次の3つの基本方針が掲げられている．

　1)ライフサイクル思考，2)利害関係者の参加，3)多様な政策手段

また，その戦略としては，

①持続可能な開発戦略と第6次環境行動計画の中で特定された環境問題への取り組みに寄与する．
②広範なライフサイクル概念の枠組みを提供し，この枠組み内で現行の輸送政策，エネルギー政策などの縦割り政策を補完する．
③複数の現在および将来の製品関連政策手段を調整する．すなわち，続的環境改善のための包括条件を確立し，最も深刻な環境影響を与える製品に焦点をあてる．

　さらに，これらの基本方針と戦略を具体化するための諸条件として，以下の持続的環境改善のための包括条件が提示された．

①適切な経済的・法的枠組みを策定する → 自主合意と標準化，公共調達法，

税と補助金，法律
②ライフサイクル思考の適用を推進する → ライフサイクル情報と解釈手段の利用，EMAS，製品設計義務
③消費者に情報を提供し，決定させる → グリーンな公共／民間調達，EPD，環境ラベル

これらの意味するところは，これまでの経済的な枠組みや法的な枠組みのいずれかによるといったものではなく，その目的に応じて両者を適切に組み合わせて処方するという方策がポイントとなっている．

また，ライフサイクル思考の適用には，ライフサイクル情報の利用や，環境マネジメントシステム（EMS：国際的には ISO 14001）の適用，またライフサイクル思考に基づく製品設計義務等により推進することを打ち出した．さらに，消費者にこれらの情報を開示することによって，適切な購買の意思決定を促す仕組みもドライビングフォースとして提示された．

このような思考を IPP 政策の観点から実行し推進するためには，特に環境に及ぼす影響の大きい特定の製品に焦点を絞って行うことが打ち出され，これが EuP 指令の具体化につながってきたということになる．

1.4　EU の行政組織について

これまで EU における環境行動計画から IPP に至る政策の流れを説明してきた．ここでは，これらの政策を立案し決定する欧州議会や，決定する法体系についてその概観を述べる．かなり機能化された政策決定のプロセスから法体系であることの理解が得られればと思う．

EU は 1 つの国でもなく，アメリカのような連邦と州の関係でもなく，次のような組織によっている．ここでは簡単に組織と機能といった関係を述べる．

（1）　欧州委員会（行政執行機関）

欧州委員会は行政執行機関であり，法案の提出と法執行をする．委員は出身国政府から独立した立場で参加し，出身国政府の意向に左右されず，EU 全体

の利益のためだけに行動することを義務づけられている．
　・委員 25 名（各加盟国 1 名）
　・出身国政府から独立した立場で参加
　・法案の提出と法執行を司る
（2）　欧州議会：諮問・共同（特定分野）決定機関

　議員は直接普通選挙によって選ばれ，国家の代表としてではなく，各人の政治的信条に基づいて政治活動をしている．欧州議会の立法権は共同決定手続きが取られた場合以外はなく，欧州議会は欧州委員会と理事会に対する政策運営を監視する権限を持っている．
　・定数 732 名（独　99 名，仏・伊・英　78 名　等国別割り当て）
　・直接市民による選挙で選出
　・欧州委員会の運営の監視
（3）　欧州理事会：政治レベルでの最高意思決定機関

　加盟国の元首・首脳と欧州委員会委員長で構成される政治レベルでの最高意思決定機関である．意思決定は，全会一致もしくは特定多数決（国による重みあり）により採決する方式で，国別に特定多数決持ち票数は独・仏・英・伊 29，スペイン 27 等（合計 321 票）．
（4）　閣僚理事会：主たる意思決定機関

　主たる意思決定機関で分野別に各国閣僚級代表により構成されている．

1.5　EU の法体系について

　EU の立法の仕組みは，法案を提出するのが欧州委員会で，理事会と欧州議会（共同決定手続きが取られた場合）が制定する．法規制は大別して次のようになっている．
（1）　Directive：指令

　新しい国内法の制定，現行の国内法の改正，廃止の手続き後に拘束力が発揮される．指令は「Member State shall・・・」と記述されていて，達成され

るべき結果を示し，加盟国を拘束するが，形式方法は国内法に委ねた形式になっている．WEEEやRoHSまたEuPも指令である．

(2) Regulation：規則

Directivesのように加盟国が法律の制定などを行う必要はなく（関連する国内法の整理はする），すべての加盟国に直接適用され国内法と同じ拘束力を有する．REACHやEMASは規則である．

(3) Decision：決定

性格はRegulationsに似ているが，適用が全加盟国に及ぶのではなく，対象範囲を特定（加盟国，企業，個人等）して，具体的な行為の実施あるいは廃止等を直接的に拘束する．

(4) Recommendation：勧告

加盟国，企業，個人等に一定の行為の実施を期待することを欧州委員会が表明するもので，拘束力はない．

(5) Opinion：意見

特定のテーマについて欧州委員会の意思を表明したもので，拘束力はない．

上記の(1)で述べた指令には国内法の制定が必要である．国内法への転換は，EC条約（ヨーロッパ共同体設立条約）により，拘束力の異なる2通りの手続きが定められている．

① EC条約第95条

主な目的が単一市場の達成を目的とする場合に選択される．EC条約第95条が選択された場合は，EU指令より厳しい国内法は制定できない．例えば，RoHS指令はEC条約第95条が選択されているので，特定有害物質や最大許容濃度（閾値）などはすべての加盟国で同じになる．

② EC条約第175条

指令の目的が環境保全そのものに目的がある場合に選択される．EC条約第175条が選択された場合は，国情などに合わせて国内法が制定でき，指令より厳しい基準も制定できる．例えば，WEEE指令はEC条約第175条が選択されている．

2章　経　緯

2.1 IPP から EuP へ

1章で，EuP が生まれる背景として，欧州の環境法体系における IPP（包括的製品政策）の影響とその志向性について説明した．同時に，EuP が製品環

表1.2.1　IPP に示される主な政策手法と行動戦略

手法	具体的行動
経済的手法	グリーンな製品を市場で阻害する価格要因明確化 差別税制調査（例：環境ラベル製品の低減 VAT 税率）
生産者責任	EU 制度の更なる領域に拡大 加盟国のイニシアティブの奨励
エコ・ラベル	製品範囲拡大，公的資金援助， EU エコラベル基準適用範囲拡大（調達，エコ・ファンド，自己宣言，基本要求事項など）
環境宣言	環境自己宣言に対する，EU ガイド準備 ISO タイプ III に沿った宣言を支援する枠組み整備
公共調達（GPP）	公共調達と環境に関する解説 グリーンな公共調達のハンドブック作成，GPP に関する情報交換 EU 委員会自身の公共調達のグリーン化
製品情報	既存の LCA 情報のリンク 製品の簡易なライフサイクルインパクト評価ツール開発（特に中小企業向け） ワークショップ開催 製品の環境特性に関する鍵となる情報提供の義務づけ/奨励スキーム検討
エコ設計ガイド	エコ設計ガイド作成，普及・適用の促進
標準	環境適合設計に関する標準の作成を支援
ニュー・アプローチ	グリーンな製品設計を奨励するニュー・アプローチ制度の可能性見直し
製品パネル	製品パネルの枠組策定
サポート手法	EMAS とのリンク 製品のグリーン化技術革新を EU の研究開発計画の基幹部分とする

境規制であることを踏まえ，本項では，先ず，その成立の経緯を理解する上で重要な欧州の諸制度について紹介する．

(1) IPPとそのグローバリゼーション

IPPは，すでに述べたように，「グリーンな製品＝環境配慮製品の市場開拓促進のための製品環境政策」を提案するもので，規制的措置を講じるにあたり，①ライフサイクル全般を通じて（Life Cycle Thinking）製品環境影響を特定する，②環境影響の改善に適切な政策手法を用い，利害関係者の責任，行動戦略を決定することとしている．つまり，製品環境政策立案のガイダンスとして，手順，政策手法，政策ツールのパッケージを示唆するとの位置付けにある．

欧州では，こうした考え方をベースに具体的な製品環境規制へのドアが開か

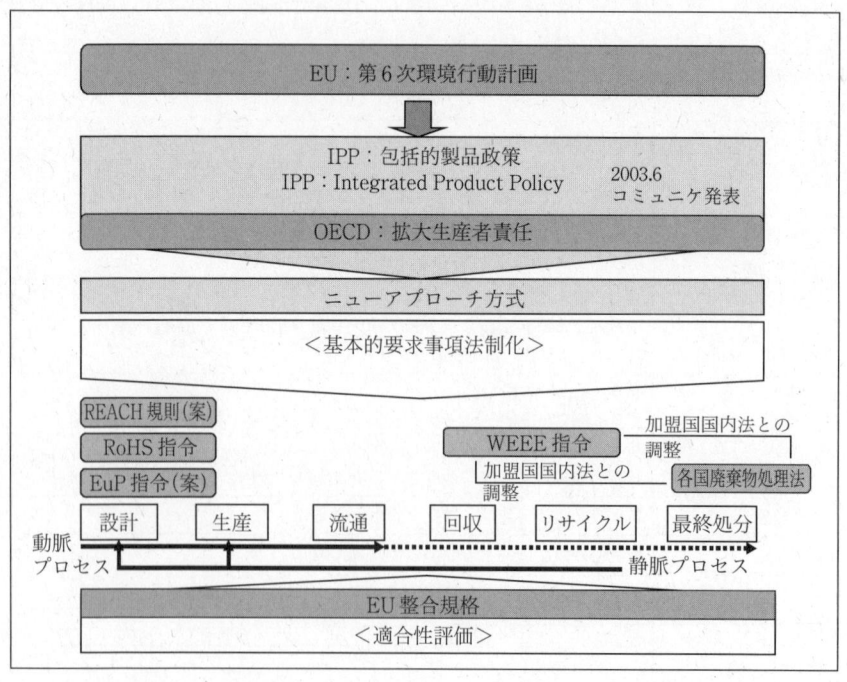

図 1.2.1　EU 域内における製品環境規制のフレームワーク

れ，電気・電子製品に対しては，ライフサイクルステージの動脈側からのアプローチである環境配慮設計（EuP 指令），有害物質使用規制（RoHS 指令），静脈側からのアプローチである廃棄物・リサイクル対策（WEEE 指令）の両面で EU 指令に基づく規制体系の整備が進められている．

さらに，IPP は，OECD「Working Party on National Environmental Policy（国内環境政策作業部会）in Paris OECD HQ（2004 年 11 月 18 日）」が開催された中で，その Round Table Session が行われる等，欧州のみならずグローバルな政策立案概念としての道を確実に歩みつつある．そこで，改めてクローズアップされるのが，IPP の中心概念である Life Cycle Thinking であり，それは，サプライチェーンと実質的にほぼ同義と理解できる（図1.2.2）．

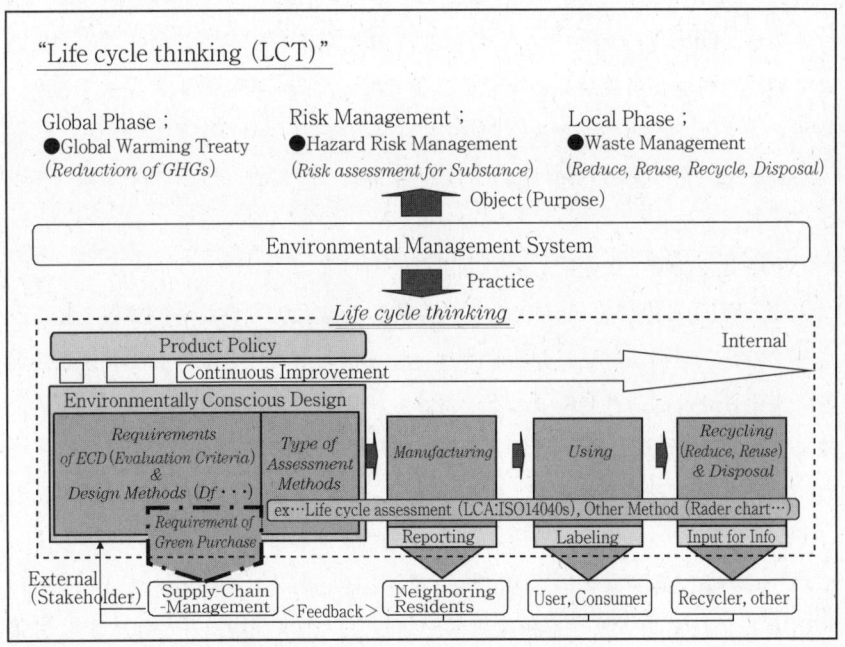

図 1.2.2　Life Cycle Thinking（LCT）

(2) EPR（拡大生産者責任）の潮流

　IPP の理念が製品環境政策立案のベーシックフレームワークであるのと同時に，それに基づく規制的措置が実効あるものとするには，製品のライフサイクルステージあるいはサプライチェーンにおける利害関係者の責任，およびその特定に関する考え方が必要になる．

　この点に関して，欧州における法規制の基本的要求事項は，下記の原則をベースにしている．

①予防原則（Precautionary Principle）
②事前防止原則（Prevention Principle）
③発生源での対応原則（Ratification At Source Principle）
④汚染者負担原則（Polluter Pays Principle）

　これら4つの原則の内，汚染者負担原則に関しては，一歩進めて，拡大生産者責任（EPR: Extended Producers Responsibility）の考え方が急速に広まっている．OECD の定義によれば，「生産物に対する生産者の（物理的／または金銭的）責任が当該製品の廃棄後にまで拡大する」環境政策の手法であり，特徴としては，次の2点があげられる．

○責任を（全面的あるいは部分的に）製品のライフサイクルの上流にシフトすること
○生産者に，環境に配慮した製品設計を行うインセンティブを与えること

　実際，WEEE 指令や RoHS 指令の背景に，拡大生産者責任の解釈として，ドイツの循環経済法に見られるような「使用済み製品の回収と費用負担を生産者に集中させれば，社会的コストを最小化出来る」という理念がある．その結果，例えば，WEEE 指令では，その基本方針の中で「生産者に電気・電子機器の設計および製造の段階で，機器本体，部品および材料の再使用・再生において容易な形での解体や再資源化を十分に考慮するよう促す必要がある」としており，環境配慮設計を積極的に奨励する規定を導入している．

　EPR は，IPP の実効性を担保すると同時に，環境配慮設計を規定する EuP 指令の成立にも必然性を与えている．

（3） 市場での自由流通担保と"ニューアプローチ"の適用

　IPP, EPR に加え，製品環境政策とそれに基づく規制的措置の実効性という観点から，製品の自由流通担保の問題がある．法規制レベルのマッチングという問題であるが，国や地域によって所与の社会的通念・システムやインフラの違いもあり，その間を越境して流通する製品を規制する上で，根本的な問題でもある．

　WEEE 指令の発効により，欧州で電気・電子製品を販売する我が国の企業は，まず現地のリサイクル業者などを組織化するといったことを踏まえ，廃製品の回収・処理システムを構築しなければならない（早期に EU 全域をほぼ網羅する製品リサイクル網を構築する必要に迫られることになる）．また，現時点で RoHS 指令のような規制は我が国にはないものの，すでに EU 指令を範として中国等でも同様の法規制の成立が見られる．グローバルに事業展開している我が国の企業は，設計や仕様を統一した方が効率的である．製品開発や製造工程の見直しに合わせ，例えば，はんだの鉛フリー化，資材調達における取引先素材・部品メーカーへのデータベース提供の要求などを急ピッチで進めている．WEEE 指令や RoHS 指令は，電気・電子機器を生産，販売するメーカーだけでなく，製品に使用する化学物質のサプライチェーンでの管理や代替品の開発といった点で，素材・部品メーカーをも巻き込む大きなインパクトを与えることになった．

　こうした中で，各国政府，行政当局による法規制の要求事項が統一されることが現実には非常に難しい．欧州においては，EU 域内での法規制の要求事項に対して，主として産業界からなる独立の標準化機関に対して任意の基準を承認することを認める「ニューアプローチ」の適用を進めている．ニューアプローチは，欧州委員会の企業総局（DG-Enterprise）が主導し，製品の環境特性の改善は継続的であって進行中のプロセスであるべきという観点から，「法律は基本的要求事項のみを法制化する．生産者は，ニューアプローチ指令に規定された具体的な適合性評価手順に従って基本的要求事項の遵守方法を選択する」いう政策手法である．

ニューアプローチは，元来，製品安全規制の分野で適用され，これまで環境規制として採用されることはなかった．実際，欧州議会のグリーンパーティーや欧州委員会内の環境総局（DG-Environment）には歓迎されず，WEEE指令やRoHS指令では採用されていない．しかしながら，企業競争力の源泉であり，自らの創意工夫の中で進歩する製品設計・開発プロセスを規制するEuP指令においては，当初からその適用が前提とされ，環境規制の中では初めて具体化するに至った．

2.2 EuP指令の検討

IPPを出発としたEUの製品環境規制の歩みにおいて，製品のライフサイクル全体での環境負荷を特定し，それを低減するための動脈側からのアプローチ，すなわち，製品設計・開発プロセスへの規制という考えがある．これは，そもそも1990年代初頭から志向され，欧州委員会および欧州議会において，WEEE指令やRoHS指令とパッケージで議論されていた．

こうした中で，先行したELV指令（2000/53/EC 使用済み自動車に関する指令）の影響は，自動車同様に電気・電子機器廃棄物に関する指令の必要性を意識させるものとなる．その早期成立に関して，欧州議会のグリーンパーティーやNGOによる政治的圧力が強まることとなった．

しかしながら，この時点において，EU域内の環境保全と他の政策分野との統合を目指す環境総局とEU域内のビジネスに関する対外的な競争力向上を目的とする企業総局の内部協議が複雑な様相を見せる．有害物質の使用制限に関する部分の扱いや，前述のニューアプローチの適用などが焦点となり，議会やNGO，産業界も巻き込んだ交渉は，最終的な妥協点として，2000年6月13日に，欧州委員会が2つの提案を正式に提出することで事態の収拾が図られた．

この2つの提案，つまり「電気・電子機器廃棄物（WEEE）に関する指令」と「有害物質の使用制限（RoHS）に関する指令」は，以降，環境総局主導の

下に指令の成立へ舵が切られた訳であるが，この時には，同時に「電気・電子機器のための環境配慮設計の基準に関するニューアプローチの適用」の可能性も十分検討されることが別途合意された．さらに，WEEE 指令の中では，前述の通りその基本方針において環境配慮設計を積極的に奨励する規定を導入していることを受け，2001 年 2 月に企業総局の主導の下，電気・電子機器 (EEE) の環境影響に関する指令草案 (Working paper for a Directive on the impact on the environment of electrical and electronic equipment「EEE」通称「EEE 指令草案」) が公表されるに至った．

一方，地球温暖化防止に対する国際的な取組みは，気候変動枠組条約の下に，1997 年 12 月に京都で開催された同条約の第 3 回締約国会議 (COP 3) で『京都議定書』を成立させることとなる．この中で，EU は，加盟国全体で CO_2 等の温室効果ガス排出量を 2008 年から 2012 年の第 1 約束期間において，1990 年レベルより 8% 削減することを約束した．

従って，EU 域内の温室効果ガス排出削減の一環として，省エネルギー政策の包括的な戦略の再構築が求められることとなった．エネルギー，すなわち，電気，石油，ガスを消費する最終使用製品を対象に，個別にエネルギー消費効率基準を設定し，基準をクリアした製品のみが EU 域内で上市できることを目的とした最終使用製品のエネルギー効率の規制に関する枠組み指令案 (a draft proposal for a Framework Directive on Energy Efficiency Requirements for End-use Equipment) が，2002 年 4 月に欧州委員会の運輸・エネルギー総局 (DG-Transport and Energy) から提案された．同提案は，枠組み指令として，製品のエネルギー効率基準設定に関する基本的な考え方や適合性評価などの横断的な事項を規定し，個別機器ごとの具体的な基準値は，別途個別に採択する指令によって規定することを意図する内容となっていた．

しかしながら，エネルギー効率も環境配慮設計における 1 つの要素であることから，最終的に 2002 年 11 月にこの両法案が統合され，『最終使用機器のエコデザインのための枠組を設定する欧州議会および閣僚理事会指令草案 (Proposal for a Directive on establishing a framework for the setting of Ecodesign requirements for End-use equipment 「通称 EUE 指令草案」)』が発表され，これが現在の EuP 指令の原型となった．翌年，2003 年 8 月に『エネルギー使用製品 (EuP) のエコデザイン要求を設定するための枠組構築に関する欧州議会および閣僚理事会指令案 (Proposal for a Directive of the European Parliament and of the council on establishing a framework for the setting of Ecodesign requirements for Energy using products and amending Council Directive 92/42/EEC「EuP 指令案」)』として正式提案された．

2.3 EuP 指令全体のスケジュール

今後の予想を含めて，全体のスケジュールを次図に示す．EuP 指令は，名前の通り，「枠組み」を定める指令であり，具体的な規制の内容は製品分野毎に「実施措置 (Implementing Measures)」として後に発行される．最初の実施措置が出てくるのは，2007 年末から 2008 年初旬であると多くの人が予想している．一方，この措置を決めるための重要なプロセスである準備調査 (Preparatory Study) と規格策定が現在進めれているが，2007 年 7 月には新たな

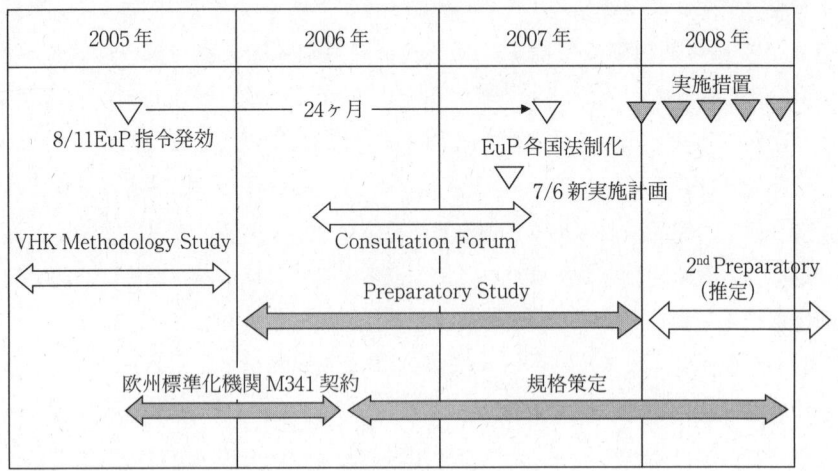

図 1.2.3　EuP 関連活動のスケジュール

計画が発表され，これを受けた形で 2 次 Preparatory Study がスタートすることが推定される．同図中で，VHK Methodology Study というのは，すでに終了した予備調査（VHK というシンクタンクが担当）であり，Consultation Forum というのは欧州域内の関係者間での意見調整会議を意味する．

この全体プロセスに関わる重要なプロジェクトが Preparatory Study である．調査分野ごとに EU 委員会からコンサル会社に幹事としての契約が出されている．日本企業も欧州市場に関わる企業が参加しており，次のような活動がなされている．

① 製品のマーケット調査
② 製品カテゴリの定義
③ 現状のライフサイクル環境負荷調査
④ 現状技術レベルと改善の可能性
⑤ 活用できる業界標準と新たな標準策定へのニーズ
⑥ （可能ならば）実施措置の叩き台作成

例えば，a) は規制対象製品の条件である 20 何万台以上が EU 市場で売れているかどうかを調査するが，b) と密接に関係している．例えば TV としてマクロに捉えるか，CRT（ブラウン管）と薄型テレビを分けるか，さらに PDP（プラズマ・ディスプレイ）と LCD（液晶ディスプレイ）を分けるかといった製品カテゴリの分類次第で結果は変わってくる．現在開始されているのは次の調査分野である．

> ボイラー，温水器，パソコン，イメージ機器（コピー機，ファックス，スキャナー，複合機），テレビ，待機電力，外部電源／充電器，オフィスおよび市街地照明，住宅用エアコン，電気モーター／ポンプ／換気ファン，商業用および家庭用冷蔵・冷凍庫，家庭用洗濯機・食器洗機

今後，2 次調査も予定されており，対象製品は増加してくると思われる．この中で，異質なのは，待機電力と外部電源／充電器である．この 2 つは技術分野でくくってあるが，製品横断的な調査の対象となっている．特に待機電力の重要性は EuP 指令本文でも強調されており，独立した実施措置として将来発

行される可能性も否定できない．

第2部
EuPとは
―その概要―

1章　EuP 指令の概要

1.1　EuP 指令の特徴

　EuP 枠組み指令（2005/32/EC エネルギー使用製品に対する環境配慮設計要求事項設定のための枠組みを構築する指令）が定めているのは典型的な製品環境規制であり，またサプライチェーン規制でもある．この2つの概念が EuP 指令を明確に特徴づけるキーワードであり，第1部で述べた IPP の影響を最も色濃く受けた法規制だといえる．

　先進各国における環境負荷の大きさを論じたとき，エネルギー消費にしても有害な化学物質のリスクに関しても，もやは製造現場における公害防止活動（俗に「現場環境」といわれる）よりも出荷製品に関連する環境負荷を削減する活動（俗に「製品環境」といわれる）のほうが重要であるという認識が広まっている（図 2.1.1 参照）．さらに，製品の持つ環境負荷の大部分は設計時に決まってしまうことも知られている．そこで製品への環境配慮設計要求事項を

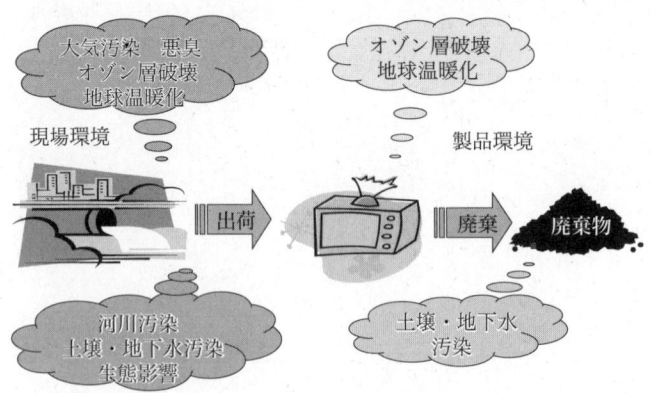

図 2.1.1　現場環境規制から製品環境規制への転換

法的に義務化した典型的な「製品環境規制」としてEuPは策定された．エコデザイン指令と呼ばれるゆえんである．

一方で，IPPの根幹をなすLCT（Life Cycle Thinking, ライフサイクル思考）を基本理念として採用しており，本文中にもLife Cycleという言葉が随所に出てくる．従来では，例えば製品の使用時のエネルギー規制があったり，別の法律が製造工場の省エネを推進したりすることがあっても，製品のライフサイクル全体を通してエネルギーを最小化するという行政アプローチはなかった．このため，特定のライフステージ（例えば，使用段階）の環境負荷を下げても，別のライフステージ（例えば，製造時や廃棄時）に環境負荷が上がってしまうことがある．このような別のライフステージや別の環境負荷への転嫁によって負荷低減を追求することが無意味であると主張している．

一方で，ライフステージは，実世界ではほぼサプライチェーンにマッピングされる．個々の企業はもっぱら特定のライフステージに関わっていることから，サプライチェーン全体を規制するような法律すなわち「サプライチェーン規制」への対応は，1社単独の努力ではいかんともし難い面がある（図2.1.2参照）．この点で，RoHS指令（2002/95/EC 電気電子機器における特定の有害物質の使用の制限に関する指令）やWEEE指令（2002/96/EC 廃電気電子機器に関する指令）の対象範囲よりも遙かに広い．

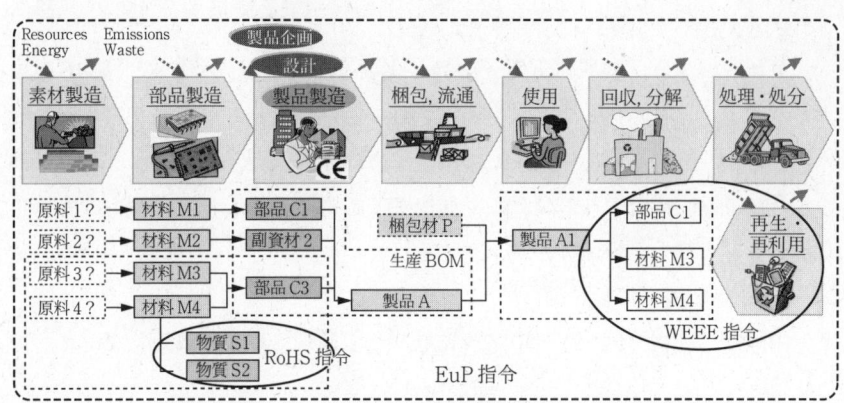

図2.1.2　サプライチェーン規制の代表であるEuP

1.2 対象となる製品

EuP指令の対象となる製品は,次の3つの条件により規定されている.

1) 第2条1項（定義）

エネルギー使用製品（EuP：Energy using Product）」とは,いったん上市またはサービスとして供与されたら,意図した働きをするためにエネルギー入力（電気,化石燃料および再生可能エネルギー源）に依存する製品,またはかかるエネルギーを生産,移動および測定するための製品を意味する.また,エネルギー入力に依存し,本指令で対象とするEuPへの組み込みが意図されるもので,最終ユーザーに個別パーツとして上市および/またはサービス供与され,その環境パフォーマンスが個別に評価できる部品を意味する.

2) 第1条3項（範囲）

人あるいは物の輸送手段には適用しない

3) 第15条2項（実施措置の基準）

①欧州共同体内でかなりの量の,例示的には年間200,000ユニット以上の販売量または取引量があるEuPであること

②欧州共同体内で著しい環境影響をもつEuPであること

③当該EuPは,過度の費用を伴わず,環境影響に関し著しい改善の可能性を示すものでなければならない.

マクロにいえば,結局電気電子製品が主要なターゲットになる.第16条には次のように当面のターゲットが例示されており,これらの製品が第1部2章2.3で述べたPreparatory Studyのテーマに選定された.もちろんこれらの他にも実施措置に特定される製品は今後出てくるものと思われる（例えば,携帯電話やネットワーク設備などがあり得る）.

4) 第16条2項（作業計画）

（省略）欧州委員会は,（中略）先取りして適切に以下を導入しなければならない.

— 暖房および温水機器,電気モーターシステム,家庭および第三次セク

ターにおける照明，家庭用電気製品，家庭および第三次セクターにおける事務機器，民生用電子機器およびHVAC（暖房・換気・空調）システムなど，コスト効果の高い温室効果ガス排出削減を提供できる可能性が高いとしてECCP（欧州気候変動プログラム）により認定された製品から開始する実施措置．

表 2.1.1 初回の準備調査（Preparatory Study）における対象製品

1	boilers and combi-boilers (gas/oil/electric)	ボイラー及びコジェネボイラー
2	water heaters (gas/oil/electric)	温水器
3	Personal Computers (desktops & laptops) and computer monitors	パーソナルコンピューター及びコンピューターモニター
4	imaging equipment: copiers, faxes, printers, scanners, multifunctional devices	複写機，ファックス，プリンター，スキャナー及びそれらの複写機
5	consumer electronics: televisions	テレビセット
6	standby and off-mode losses of EuPs	待機電力ある製品
7	battery chargers and external power supplies	バッテリー・充電器
8	office lighting	オフィス用照明
9	(public) street lighting	公道用照明
10	residential room conditioning appliances (airco and ventilation)	エアコンデイショナー
11	electric motors 1-150 kW and	電力モーター 1-150 KW
	－water pumps (in commercial buildings, drinking water pumping, food industry, agricultre),	－ウオーターポンプ（商用ビルにおける飲料水用，食品工業用，農業用）
	－circulatiors in buildings,	－ビル内の給水用
	－fans for ventilation (non residential buildings)	－換気用（非住宅建物用）
12	commercial refrigerators and freezers, incuding chillers, display cabinets and vending machines	商用冷蔵・冷凍機，冷凍ショーケース及び自動販売機
13	domestic refrigerators and freezers	家庭用冷蔵・冷凍庫
14	domestic dishwashers and washing machines	家庭用食機洗機及び洗濯機

（注）上記14の製品群は現在検討中のものである．

1.3 2種類の要求事項

多くの人はEuP枠組み指令の本文に違和感を感じる．その原因は一般的要求事項（Generic Requirement）と特定要求事項（Specific Requirement）の2種類の要求が含まれており，両者はかなり異なった様相を呈しているからである．第1部でも述べたように本来異なった2つの法案が多少無理に合体されたためである．したがって，欧州でEuPについての情報やEU官僚の方の意見を聞いたときに，彼らがいっているEuPはどちらを意味するものなのかを正確に判断して理解しないと，大きな誤解を招くことがある．両者の特徴は次のように要約できる．

1) 一般的要求事項

ライフサイクル思考（LCT）に基づくもの．製品の全ライフステージに関して様々な環境側面を評価し，その結果をエコロジカルプロファイル※として作成するとともに，設計に反映することを要求している．

2) 特定要求事項

特定のライフステージの特定の環境側面，例えば使用ステージの待機電力などに一定の制限値を設けるもの．

1.4 枠組み指令と実施措置

EuP指令は文書体系にも特徴がある．まず2005/32/ECを「枠組み指令」として官報公示した．これは通常の指令と同様に共同決定手続（Co-decision Procedure）に従ってEU閣僚理事会とEU議会で審議されたのち，採択/発効され，さらに2007年8月11日までに各国の国内法規に焼き直されて発効される．しかし，これはあくまで枠組みについてであり，詳細部分については実施措置（Implementing Measures）として後に定められる．しかも，こちら

※ エコロジカルプロファイル：p. 36 (20) 参照．

は共同決定手続を経ずに委員会決定として発効され，速やかに制定されるだけでなく，各国ごとの法規への焼き直しがない．すなわち欧州全体で共通に活用される．実施措置は製品分野ごとに制定されることになっており，EuPの製造業者としては自らの製品に関連する実施措置が今後どのような内容で公示されるかという動向に最大限の注意を払わなければならない．

1.5 ニューアプローチと整合規格

EuP指令は環境分野では初めてのニューアプローチ指令である．ニューアプローチ指令がどのようなものであるかについては，欧州委員会の企業総局（DG Enterprise）のホームページでは次のように述べている（筆者訳，括弧内部は筆者による補足）．

> 「ニューアプローチ」とは1985年5月に閣僚理事会決定として定義されたもので，（EC各国を）技術的に調和させる革新的手法を意味する．ニューアプローチは（EC域内での）商品の自由な流通を許容するためにECの法規制と欧州規格団体，すなわちCEN, CENELEC, ETSIとの間に，次のような明確な責任分担を導入している．
> - EC指令はその製品が上市される際に満たすべき「本質的な要求事項」を定める．例えば，健康と安全の保全などである．
> - 欧州規格団体は，該当する指令の本質的な要求事項に関する遵法性を満たすための技術仕様を作成し，その規格への適合をもってこの本質的な法的要求に適合していると見做すこととする．

したがって，ニューアプローチの指令には整合規格（Harmonized Standard）に関する取り決めが書かれており，これがRoHS指令には見当たらないが，EuP枠組み指令には第10条に明記されている．ただし，一般的なニューアプローチの考え方として，「EU指令への適合性の詳細な判断基準として欧州規格を活用する」というアプローチはRoHS指令の実施方法に反映され

ていると言えよう．

　後に述べるように，欧州規格は相当する国際規格に整合していなければならない事情がある．そこでEuP指令に対するEU域外の各国による働きかけのチャンネルとして，国際標準化活動がクローズアップされている．単なるロビー活動による「お願い」ではなく，国際標準規格の策定を通して，間接的にEuP指令の「見做し適合」の判断基準に影響を及ぼすことが可能となる．

2章　EuP枠組み指令の条文解説

巻末に日本語訳を掲載したが，ここでは「EuP枠組み指令（2005/32/EC）」の着目すべき条項についてその内容を解説する．

2.1　前　文

前文はEuP枠組み指令の背景を説明しているので，解釈する上での重要なヒントになる部分を抜粋する．

前文 - ①

(2)　エネルギー使用製品（Energy-using Products：「EuP」）は欧州共同体における天然資源消費およびエネルギー消費の大部分を占めている．その他にもまた，いくつかの著しい環境影響を及ぼす．欧州共同体市場で入手可能な製品カテゴリーの圧倒的多数は機能的に類似した性能を備えているが，環境影響の程度は実に多様であると言える．また，持続可能な開発のために，特に環境への負の影響の主な原因を特定し，かつ汚染の転嫁を防ぐことで，当該製品の全体的な環境影響における継続的改善が，この改善に過度の費用を必要としないとき，奨励されるべきである．

まずEuPの重要性を解いている．すなわち，現場環境から製品環境への行政措置としての視点の変化が明確に述べられている．

―― 前文 - ② ――
(5) EuPの設計段階における措置が講じられるべきである．製品のライフサイクル中に発生する汚染はその設計段階で決定される．また，関連費用の大部分はその後決定される．

すなわち，製品開発プロセスの最上流である設計時に対処することが大切であるという考えが述べられている．本指令が「環境配慮設計」（エコデザイン）を要求する根本的な背景となっている．

―― 前文 - ③ ――
(11) 包括的製品政策（IPP）に関するグリーン・ペーパーに定めるアプローチは，欧州共同体の第6次環境行動計画を代表する革新的な要素であり，製品のライフサイクル全体を通じてその環境影響を削減することを目的としている．設計時に製品のライフサイクル全体を通しての環境影響を考慮することは，コスト効率の良い方法で影響改善を促進する高い可能性を持っている．また，技術的，機能的，経済的側面との均衡を取りながら，かかる要因を製品設計に取り入れるに適した柔軟性を与える必要がある．

IPPが本指令に影響を与えていることが明確に示されている．ライフサイクル全体というキーワードは本文中に随所に出現するが，これはIPPの原則に則ったためである．

─── 前文 - ④ ───

(12) 環境パフォーマンスに対する包括的なアプローチが望まれるが，エネルギー効率の向上による温室効果ガス軽減は，作業計画が採択されるまで優先すべき環境目標と捉えるべきである．

(13) 一部の製品またはその環境側面については，環境影響を最小限にするために，定量的な環境配慮設計の特定要求事項を定めることが必要かつ正当であろう．もし，国連気候変動枠組み条約（UNFCCC）に向けての京都議定書の枠組みにおける公約の遂行に貢献することが緊急に必要であれば，本指令の包括的なアプローチに影響を与えずに，低コストでの温室効果ガス排出量削減に高い可能性を持つこれらの措置はある程度優先されるべきである．また，かかる措置は持続可能な資源利用にも貢献し，かつ2002年9月にヨハネスブルグで開催された持続可能な開発に関する世界サミットで合意された持続可能な生産および消費に関する10ヶ年枠組み計画にも大きく寄与するであろう．

ここでは，多様な環境側面の中でも，エネルギー消費に特別なプライオリティが与えられていることを意味している．先に述べたように，そもそも機器の省エネとエコデザインの2種類の異なった草案が一緒になってできた指令であるが，両者を比較すると，まずは省エネが当面の緊急課題だというのがEU委員会の認識である．

─── 前文 - ⑤ ───

(14) 一般的原則として，待機中またはオフ時のEuPのエネルギー消費量は，適正な機能を果すために必要最低限の水準まで削減しなければならない．

日本の事情からはあまりピントこないが，欧州では待機電力の問題が際だっ

てクローズアップされていることが伺える．これが本文で規定される実施措置の策定にも関わってくる．

前文-⑥

(32) 本指令は，技術的整合化と規格へのニューアプローチに関する1985年5月7日付理事会決議に定めるニューアプローチおよび欧州整合規格への言及についての実施原則に従ったものである．また，欧州における標準化の役割に関する1999年10月28日付理事会決議では，法律を改善および簡素化する手段として，可能な限り，まだ適用対象となっていない分野にまで「ニューアプローチ」原則を拡大できるかどうか，欧州委員会が検証すべきであると提言している．

ニューアプローチであることが明記されている．また整合規格についても述べられている．前後するが，整合規格に期待されている役割は次のように述べられている．

前文-⑦

(30) 整合規格の主要な役割の一つは，本指令に基づき採択された実施措置の適用に際して製造者を援助することでなければならない．かかる規格は，方法を評価したりテストしたりする際に不可欠であろう．一般的環境配慮設計要求については，整合規格は，適用可能な実施措置の要求事項に従って製品のエコロジカルプロファイルを確立する際に製造者を指導するのに大きく貢献することが可能であろう．かかる規格は，その条項と対処すべき要求事項の関連を明確に示さなければならない．整合規格の目的は環境側面の制限値を定めるものであってはならない．

ここで最後の文に重要な指摘がなされている．規格には一般に手順を定めるものと制限値（Limit value）を定めるものがある．EuPが求める規格は制限

値を定めるものではないと明記されている．したがって，たとえ国際標準化活動で省エネ基準値を定めるような規格を策定しても，それがCENELEC（欧州電気標準化委員会）の活動に反映されてEuPの見做し適合規格になることはあり得ない．一方，エコロジカルプロファイルがどうあるべきかを規定することについては規格の役割が期待されている．

2.2 第1条（対象事項および範囲）

ここで重要なのは第3項で，次のように述べられている．

---- 第1条-① ----
3. 本指令は，人あるいは商品の輸送手段には適用しない．

したがって，エネルギー消費型の製品として真っ先に思い浮かぶ自動車をはじめとする輸送機器は対象とならない．結局，（ボイラーや燃料炊きの器具も含まれるものの）電気電子製品がクローズアップされることになる．対象製品の考え方は第16条（後述）にも記載されている．

2.3 第2条（定義）

幾つかの重要な概念が定義されている．必ずしも私たちの常識に合わないものもあるので注意が必要である．

---- 第2条-① ----
(1)「エネルギー使用製品（EuP：Energy-using Product）」とは，いったん上市またはサービスとして供与されたら，意図した働きをするためにエネルギー入力（電気，化石燃料および再生可能エネルギー源）に依存する製品，またはかかるエネルギーを生産，移動および測定するための製品を意味する．また，エネルギー入力に依存し，本指令で対象とするEuP

> への組み込みが意図されるもので，最終ユーザーに個別パーツとして上市および/またはサービス供与され，その環境パフォーマンスが個別に評価できる部品を意味する．

　まず本指令の略称にもなっているEuPの定義である．単に最終製品だけではなく，独立して市場で売られており，その環境パフォーマンスも独自に評価できる部品も含まれる点に留意すべきである．電機モーターなどはこの典型例となる．今後自社の商品がEuPに該当するかどうかは，厳密には実施措置が決めることであるが，この原則をまず念頭に入れておきたい．

―― 第2条-② ――

> (2) 「構成部品および組品（Components and sub-assemblies）」とは，EuPへの組み込みが意図され，最終ユーザーに個別パーツとして上市および/またはサービス供与されることなく，あるいはその環境パフォーマンスが個別に評価できない部品を意味する．

　一方，ここに定義されているように，本当の部品（または組品）についてはEuPとはされないが，その条件は，独立に売られていないこと，あるいは個別に環境評価ができないことである．しかし，この部品（または組品）の提供事業者にも法的な縛りがあり，注意が必要である．第11条で詳述する．

―― 第2条-③ ――

> (3) 「実施措置（Implementing measures）」とは，定義したEuPあるいは環境側面に対しての環境配慮設計要求事項を定める本指令に従って採択された措置を意味する．

　本指令が枠組み指令であり，具体的な法的義務はEuPの種類ごとに制定される実施措置によって定められることになる．

---- 第2条-④ ----

(4)「上市 (Placing on the market)」とは，欧州共同体内におけるその流通または使用を目的として，有償か無償かを問わず，また販売手法にかかわらず，欧州共同体市場でEuPを初めて入手可能にすることを意味する．

(5)「サービス供与 (Putting into service)」とは，欧州共同体の最終ユーザーにEuPがその製品本来の目的で初めて使用されることを意味する．

RoHS指令では本文中に定義がなく，後に物議を醸した，上市（RoHsではput on the marketと表現された）の定義がここで述べられている．また，合わせてサービス供与という概念も定義されている．

---- 第2条-⑤ ----

(10)「製品設計 (Product design)」とは，製品が満たすべき法律，技術，安全性，機能，市場あるいは他の要求事項をEuPの技術仕様に変換する一連の工程を意味する．

(11)「環境側面 (Environmental aspect)」とは，ライフサイクル中に環境と相互作用のあるEuPの要素あるいは機能を意味する．

(12)「環境影響 (Environmental impact)」とは，ライフサイクル中にEuPに起因する全面的あるいは部分的な環境に対するあらゆる変化を意味する．

(13)「ライフサイクル (Life cycle)」とは，EuPの原材料の使用から最終処分に至るまでの連続的かつ相互に連結した諸ステージを意味する．

環境配慮設計分野でよく使われる用語が法的に定義されている．エコデザイン[1]になじみのない方はこれらの表現をご確認いただきたい．環境側面はISO 14001の定義に「EuPの」という言葉を組込んだだけの作文であるが，おかげで分かりにくい．大雑把に「エネルギーの消費」とか「環境負荷の排出」

などをあらわしており，一部「リサイクル容易性」のようなEuPの特性が含まれるものと理解していただいてよい．付属書Iに例示がある（後述）．

第2条-⑥

(20)「エコロジカルプロファイル（Ecological profile）」とは，EuPに適用すべき実施措置に従い，ライフサイクルを通じてEuPに関連するインプットとアウトプット（材料，放出，廃棄物など）についての記述を意味し，環境影響という点から重要性があり，かつ測定可能な物理量で表されるものである．

EuP枠組み指令の最も特徴的な要求事項であるエコロジカルプロファイルについて定義されている．いわゆるエコラベルタイプ3に類似した考え方である．しかし，付属書にも追加説明があるものの，EuP枠組み指令の本文だけでは具体的にどのようなイメージのものかが分かりにくい．「前文-⑦」の30項で述べたように，今後欧州標準化機構による整合規格の策定対象になるものと思われる．

第2条-⑦

(23)「環境配慮設計（Ecodesign）」とは，全ライフサイクルを通したEuPの環境パフォーマンス改善を目的として，環境側面を製品設計に組み込むことを意味する．

(24)「環境配慮設計要求事項（Ecodesign requirement）」とは，製品の環境パフォーマンス改善を意図するEuPないしEuPの設計に関連する要求事項，またはEuPの環境側面に関する情報提供に対する要求事項を意味する．

さらに環境配慮設計が定義される．23項の定義はこれまで発効されている国際標準ガイドや技術報告に準拠している（これら規格については第3章で詳

述する）．24項は新規の項目である．設計そのものと情報提供の両方が含まれていることに留意したい．ちなみにEcodesignという英語は欧州委員会の造語である．辞書にはまだ出てこない．

第2条-⑧

(25)「一般的環境配慮設計要求事項（Generic ecodesign requirement）」とは，特定の環境側面に制限値を設けるのではなく，EuPの全体としてのエコロジカルプロファイルに基づく環境配慮設計要求事項を意味する．
(26)「特定環境配慮設計要求事項（Specific ecodesign requirement）」とは，例えば使用時のエネルギー消費量など，指定の出力性能単位に換算されたEuPの特定の環境側面に関する定量的かつ測定可能な要求事項を意味する．

ここで二つの異なったコンセプトが合体した指令であるという背景が浮き彫りにされる．両者は名前こそ似ているが，目指すところは全く異なっている．まず25項の一般的環境配慮設計要求事項のほうはIPPの提唱するライフサイクル思考（LCT）を色濃く受けたもので，一つのライフステージや環境側面だけ規制しても，他の部分にしわ寄せがくるのでは意味がない（いわゆる環境負荷の転嫁がおこる）ので，特定の制限値は設けない．その代わりエコロジカルプロファイルに基づいて設計するというコンセプトである．これは世間で一般的にいわれている環境配慮設計のコンセプトに近い．

一方，26項の特定環境配慮設計要求事項は，特定の環境側面に制限値を設けようというものである．定義のロジック上はどのような環境側面でもよいことになっているが，実質的な意図はEuPの（使用時の）省エネ基準を設定するために設けられたものである．IPPとの関係はどちらかというと薄いし，この定義を読んで，環境配慮設計というには視野が狭すぎるように感じる人が多いのではないだろうか．

2.4 第3条（上市および/またはサービス供与）

第3条-①

1. 加盟国は，実施措置の対象となるEuPが当該措置に適合しているとともに第5条に従ってCEマークが貼付されている場合にのみ上市および/またはサービス供与できることを確保するため，あらゆる適切な措置を講じなければならない．

ここでは法適合性と上市の関係が明記されている．すなわちEuPが実施措置に適合性していることを示すCEマークが貼り付けられ，その場合にのみ販売できるということである．CEマークは環境だけでなく，これまで安全性などの面での適合性を示すものとして同様な使われ方をしてきた．今回はさらに拡大されて環境配慮設計要求への適合性も問われるということである．

第3条-②

2. 加盟国は，市場監視の責務を有する当局を指定しなければならない．加盟国はかかる当局が本指令の下で義務づけられた適切な措置をとるために必要な権限を持ち，行使するように手配しなければならない．加盟国は，以下の権限を与えられる管轄当局について，任務，権限，組織上の構成を定義しなければならない．
(ⅰ) EuPの適合性について，十分な規模での適切な検査を準備すること，そして適合しないEuPについて製造者または製造者の認定代理人が第7条に従って市場から回収することを義務づけること．
(ⅱ) 特に実施措置において指定されているように，関係者によるすべての必要な情報の提供を要求すること．
(ⅲ) 製品サンプルを取り寄せ，それら製品の適合性検査（Compliance check）を行うこと．

EuPの適合性は，原則的に自己宣言である．CEマークは製造者がみずから貼り付けることができる．しかし，一方で行政による市場監視が行われ，製品についての調査が行われる可能性がある．違反がはっきりすれば，製品の回収を余儀なくされる．

2.5 第5条（マーキングおよび適合宣言）

第5条では，第3条2項に出てきたCEマーキングおよび適合宣言について規定されている．

第5条-①

1. 実施措置の対象となるEuPは上市および/またはサービス供与の前に，CE適合マークが貼付され，かつ適合宣言が公表されなければならない．これにより製造者または製造者の認定代理人は，適用される実施措置の関連規定のすべてにEuPが適合していることを保証し，宣言する．

一旦EuP指令の対象となったならば，その製品がたとえ安全性に関係せず，これまではCEマークを付けなくてもよい対象であったとしても，CEマークの貼り付けと付随する適合宣言書が必要になる．CEマークのデザインは付属書IIIに，適合宣言書については付属書VIに記述されているが，従来のCEマーキングおよびその適合宣言書と特に違いはない．

2.6 第7条（セーフガード条項）

ここには不適合の際の厳しい処置が記載されている．

―― 第7条－①――

1. 第5条に言及されるCEマークが貼付され，意図された用途に従い使用されているEuPが適用される実施措置に適合していないことを加盟国が確認した場合，製造者または製造者の認定代理人は，適用される実施措置の規定および/またはCEマーキングにEuPを適合させ，当該加盟国に課せられた条件に基づき違反行為を終息させることを義務づけられなければならない．

　EuPが不適合である可能性を示す十分な証拠がある場合，当該加盟国は，その不適合の重大性に応じて，適合が立証されるまで必要な措置を講じなければならない．その場合，当該EuPの上市を禁止することもあり得る．

　不適合が続く場合，加盟国は，問題のEuPが上市および/またはサービス供与されることを制限もしくは禁止することを決定し，または当該製品が市場から回収されることを確実にしなければならない．

　禁止または市場から回収する場合には，欧州委員会および他の加盟国に直ちに通知しなければならない．

EuPの不適合の際の回収については第3条2項でも記述されているが，こちらにはさらに上市禁止という厳しい措置にも繋がりかねないことが記されている．

2.7　第8条（適合性評価）

この条項は主としてEuPの事業者がやらなければならない義務である．

> **第 8 条 - ①**
>
> 1. 製造者または認定代理人は，実施措置の対象となる EuP を上市および/またはサービス供与をする前に，当該 EuP について，適用される実施措置のあらゆる関連規定との適合性評価が実行されることを確実にしなければならない．

ここで述べられている「適合性評価」は，CE マーキングを貼り付けるためには当然行われるべき手順である．したがって，第5条1項と連動している要求事項である．

> **第 8 条 - ②**
>
> 2. 適合性評価手続きは実施措置により特定されなければならず，付属書 IV に定める内部設計管理および付属書 V に定めるマネジメントシステムの選択は，製造者に委ねられなければならない．

第2項は長いので，以下では要所ごとに解説する．この最初の段落が述べていることは，CE マーキングに関わる適合性評価の仕組みである．現在 CE マーキングを要求している EU 指令は主として安全面を中心に（EuP 枠組み指令を除いて）21種類ある．各々で適合性評価の詳しい手順が述べられているのだが，おおむねどれもモジュールというものを組み合わせて選択できるようになっている．そのうちモジュール A は設計と生産の内部管理に関するもので，自己宣言を基本とする．付属書 IV に定められる内部設計管理はこの背景でこの箇所に盛り込まれているのである．さらにここでは付属書 V に基づく環境マネジメントシステムでもよいとされ，製造者はどちらでも選択できる．いずれにしても本枠組み指令だけでは適合性評価の手順の詳細は示されておらず，後に実施措置により規定されるものとしている．

---- 第8条-③ ----

2．（第2段落）省略

（第3段落）実施措置の対象となるEuPが，欧州共同体の環境管理・監査スキーム（EMAS）に自発的参加を許可している2001年3月19日付欧州議会および理事会規則（EC）761/2001に従って登録された機関で設計され，その設計機能が登録範囲に含まれている場合，当該機関のマネジメントシステムは本指令の付属書Vの要求事項に適合するものと見做されなければならない．

ここで付属書Vの環境マネジメントシステムがEMAS（Eco-Management and Audit Scheme）をモデルとしていることが示された．EMASは付属書Vへの見做し適合となる．しかし，現在では欧州であってもグローバルな企業はEMASを採用せず，ISO 14001を採用することが少なくない．もちろんISO 14001をベースにして付属書Vに適合することができる．ただし，EMASのように認証されていれば自動的にOKになるのではなくて，付属書Vへの適合性が改めて示されなければならないだけである．

---- 第8条-④ ----

2．（第4段落）実施措置の対象となるEuPが，製品設計機能を有するとともに引用番号がEU官報に告示された整合規格に従い実施される環境マネジメントシステムを備えた機関により設計された場合，当該環境マネジメントシステムは付属書Vの対応する要求事項に適合するものと見做されなければならない．

そこで，この新たな整合規格の存在が案に示されている．もちろん現時点（2006年5月）には発行されておらず，今後の可能性ということになるが，ISO 14001なりISO 9000がベースになって，さらに「製品設計機能を有する」の部分を保管する規格が発行されれば，それをもって見做し適合とする道が開

かれている．

---- 第8条-⑤ ----
3. 実施措置の対象となる EuP を上市および/またはサービスの供与をした後，製造者または製造者の認定代理人は，当該 EuP の最後の製造から 10 年間，加盟国が検査できるよう，実行された適合性評価に関連する適切な文書および発行した適合宣言の関連文書を保管しておかなければならない．

当該関連文書は加盟国の管轄当局による要請を受けてから 10 日以内に提供しなければならない．

適合性評価に関連する適切な文書とは，CE マーキングの発行手順で一般的に指定されている（指令ごとに定めるが，ほぼ同一），技術文書，あるいは，技術構造ファイル，TCF（Technical Construction Files）などと呼ばれるものである．これを 10 年間保管し，求めに従って 10 日以内に提出する必要がある．ところで，この文書は日本語で書いてはならない．このことは次の第 4 項に示されている．

---- 第8条-⑥ ----
4. 第5条に言及される適合性評価に関する文書および適合宣言は，欧州共同体の公用語の一つを用いて作成されなければならない．

筆者の社内で実際に CE マーキングに関わっている同僚に確認したところ，多くの人は英語で書いているとのことであった．

2.8 第9条（見做し適合）

第8条にも見做し適合の話題は出てきているが，ここで改めて整理されている．

第9条-①

1. 加盟国は，第5条に言及されるCEマークを貼付したEuPが適用される実施措置の関連規定に適合しているものと見做さなければならない．

まず，CEマーク．見做し適合のためのマークであり当然である．

第9条-②

2. 加盟国は，整合規格が適用されたEuPは，その引用番号がEU官報に告示されている場合，かかる基準に関連して適用される実施措置のあらゆる関連規定に適合しているものと見做さなければならない．

次に整合規格．先に述べたニューアプローチの原則から，これまた当然である．

第9条-③

3. 規則（EC）1980/2000に従い欧州共同体のエコラベルが表示されているEuPは，かかる要求事項がエコラベルによって満たされる限り，適用される実施措置に適合しているものと見做さなければならない．

さらにEUのフラワーマークである．このエコラベルは実態としてあまり普及していないことがEU委員会の悩みでもあった．これを機会に加速したいという意図が感じられる．

> **第 9 条 - ④**
>
> 4. 本指令の内容における適合性の推定のために，理事会は，第 19 条 2 項に規定された手続きに従って他のエコラベルが規則 (EC) 1980/2000 に従った欧州共同体のエコラベルと同等の条件を満たすことを決定する場合がある．当該エコラベルに認定されている EuP は，適用可能な実施措置の環境配慮設計要求事項が当該エコラベルに合致する場合，これらの要求事項に適合すると見做されなければならない．

最後にあまり身贔屓(びいき)では非難を浴びると思われたのか，他のエコラベルでも条件を満たせば見做し適合が可能とされた．ただし，第 19 条はコミトロジープロセス（委員会審議）を意味するので，例えば日本のエコラベルをこちらの都合で適合していると宣言することはできない．

2.9 第 10 条（整合規格）

この条文はニューアプローチ特有の整合規格についての記述である．

> **第 10 条 - ①**
>
> 1. 加盟国は，整合規格の準備および監視のプロセスについて，利害関係者が国家レベルで協議を受けられるように適切な対策が講じられることを可能な範囲で確実にしなければならない．
> (2.～3. 省略)
> 4. 欧州委員会は欧州標準化機関に通知し，また必要に応じて，関連整合規格の改訂を目的として新たな要請書を出さなければならない．

欧州委員会が欧州標準化機関（CEN，CENELEC，ETSI）に要請するものを Mandate と呼ぶ．対象製品の分野からみて関係の深い CENELEC（欧州電気標準化委員会）に対しては，この EuP 枠組み指令の発効後に M 341 と呼ば

れる Mandate が要請され，2005年8月に調印された（詳細は後述）．このM 341の仕事において CENELEC では，上記第1項の関連もあり，NGO なども含めて広く意見募集（Consultation）がなされた．

2.10　第11条（構成部品および組品の要求事項）

先に第2条（定義）の(2)で，部品および組品は EuP としての義務を負わないが，別の要求事項があると解説した．この第11条がそれである．

第11条-①

　実施措置は，構成部品または組品を上市および/またはサービスの供与を行う製造者または製造者の認定代理人に対し，構成部品または組品の材料構成，エネルギー消費量，原材料および資源についての必要な情報を実施措置に規定される EuP の製造者に対し，提供することを要求する場合がある．

まさにサプライチェーンに関わる要求事項である．あくまで実施措置次第ということになってはいるが，定められた場合，部品供給業者（サプライヤー）が情報を提示することが義務づけられる．RoHS 指令のときはこのような条項がなく，あくまでも最終製品製造業者だけが責務を負い，サプライヤーから情報をいただくことは「ご厚意」に甘えるしかなかった．そのために数多くのサプライヤーにお願いに回った関係者は多いはずである．サプライヤーは多数のカスタマーから各々に勝手なお願いをされて困ったことがあるはずだ．この条項が適用されれば，むしろサプライヤーがみずから情報を提供し，製造業者がこれを受け取るという素直な情報の流れが確立できる可能性がある．そのためには提示する情報の項目やフォーマットの整合規格が必要なことはいうまでもない．

2.11　第14条（消費者への情報）

第14条-①

適用される実施措置に従って，製造者は，適切であると考える形式で，EuP の消費者に以下の情報を提供することを確実にしなければならない．
——当該製品の持続可能な使用において消費者が果たせる役割に関する必須情報
——実施措置により要求される場合には，当該製品のエコロジカルプロファイルおよび環境配慮設計がもたらす利点

実施措置により要求された場合は，製品のエコロジカルプロファイルを開示する義務が示されている．

2.12　第15条（実施措置）

これまでの条文を読んでみるだけでも，如何に実施措置が重要であるかを伺い知ることができる．EuP 指令に適合することの困難や容易さは実施措置次第でいかようにも設定できる．

第15-①

1. EuP が下記第2項に記載された基準を満たしている場合，当該製品は実施措置の対象または第3項（b）に従った自主規制措置の対象となる．欧州委員会が実施措置を採択する場合，同委員会は第19条2項に言及された手続きに従って行動しなければならない．

2. 第1項に言及されている基準は以下の通りである．
　　（a）入手可能な最新の数字によって欧州共同体内でかなりの量の，例示的には年間200,000ユニット以上の販売量または取引量が

　　　　　ある EuP であること
　(b) 決定 No 1600/2002/EC に規定する共同体戦略的優先事項に特定されているように，上市および/またはサービス供与の量を考慮し，欧州共同体内で著しい環境影響を持つ EuP であること
　(c) 当該 EuP は，特に以下の点を考慮して，過度の費用を伴わず，環境影響に関し著しい改善の可能性を示すものでなければならない．
　　― 他に相当する法令がないこと，または本件を適切に扱う市場力の欠如
　　― 市場で入手可能な同等の機能を持つ EuP との環境パフォーマンスにおける格差

　ここではまず，EuP が実施措置の対象となるための基準が示されている．これら3項目は第1部で述べた準備調査の主要なテーマになっている．
　(a) の販売量についてはマーケット実態調査が行われる．ここで重要なのは，製品は個別の型式を意味するのではなく，ある製品のカテゴリーを意味していることである．「我が社は毎年10万台しか売っていないから大丈夫」ということではない．そのカテゴリーはやがて実施措置で定義されるはずである．単にテレビジョンとなるのか，薄型テレビとなるのか，あるいは LCD テレビとなるのかによって，当然ながら販売台数は大幅に異なってくる．この分類自体も準備調査における重要な焦点である．
　(b) の著しい影響を持つかどうか？　こちらも議論の焦点である．当初は前文-④の(12)項，(13)項にある考え方に従って，使用段階でのエネルギー消費のもたらす環境影響に焦点が絞られている．すなわち特定環境配慮設計要求が優先的に検討されている．しかし，やがて携帯電話のように小さいながらも膨大な数が販売されていて，金のような希少資源を大量に消費しているものや環境汚染に繋がるような排出のあるものなどが，一般環境配慮設計要求に関する検討の俎上に上がってくるものと想定する．

(c)の改善の可能性は国際的な視野で調査されている．日本のような省エネが進んだ国と比較して欧州の製品が遅れているとされた場合には，改善の余地があるとされる．このような意味でEU委員会は日本のトップランナー方式にもある程度の興味を抱いている．彼らが目指すものはあくまで「底上げ」，すなわち環境適合性の著しく遅れた製品を市場から排除することであると言われているが，その手段は特定環境配慮設計要求における制限値の設定である．この制限値をボトムから少し上に設定するか，時間的な余裕をもたせながらトップの値に設定するかの違いがある．後者の場合は，常にトップを取ることの市場インセンティブが働き，優れた商品が競うように出現することが期待できるが，技術開発力のない企業が厳しい立場に立たされる．一方，前者の場合は比較的受け入れやすいと思われるが，中間よりも上の製品群には，それ以上のパフォーマンス改善を期待することはできない．ビリにさえならなければよいということになり，むしろ環境配慮設計努力をしなくなる可能性がある．

---— 第15条-② ——

(3．省略)
4．欧州委員会は，実施措置案を整備するに当たり，
    (a) EuPのライフサイクルおよびすべての著しい環境側面，特にエネルギー効率を考慮する．環境側面および改善点の実現可能性の分析は，各々の重要度に応じた程度にて行わなければならない．EuPの著しい環境側面における環境配慮設計要求事項の適用は，その他の環境側面の不確かさにより，不当に遅れてはならない

(後略)

実施措置を策定するために，ライフサイクルのすべての環境側面調査が必要であること，これも準備調査の主題の一つになっている．さらに，第二の文章が述べていることは，ある特定の環境側面の調査が遅れているなどを理由に，

例えばエネルギー消費が重要な環境側面として明らかに分かっているのであれば，遅滞なく実施措置の策定に移行するようにいっているのである．ここにも一般環境配慮設計要求と特定環境配慮設計要求がうまく融合されていないことがみて取れる．

第 15 条 - ③

5. 実施措置は，以下の基準に適合しなければならない．
   - (a) ユーザーの見地から，該当製品の機能への負の影響がないこと
   - (b) 健康，安全，環境に悪影響を及ぼさないこと
   - (c) 特に該当製品の値ごろ感やライフサイクルコストについて著しい負の影響がないこと
   - (d) 製造者の競争力に著しい負の影響がないこと
   - (e) 原則として，環境要求事項の設定は，製造者に知的所有権で確保された技術を強いる結果にならないこと
   - (f) 製造者に対して過剰な管理上の負担がかからないこと

ここで述べられていることは，環境配慮設計といっても環境だけを考慮してはならない，他とのバランスが大切だということである．一般に「環境配慮設計」というものの考え方には既にこのようなバランスを取り入れたものが常識となっている．

───第 15 条 - ④ ───

6. 実施措置は付属書Ⅰおよび/または付属書Ⅱに基づいた環境要求事項を規定しなければならない．

特定環境配慮設計要求事項は著しい環境影響を持つ選ばれた環境側面のために導入されなければならない．

実施措置は，付属書Ⅰのパート１に規定された中で，ある特定の環境配慮設計パラメータには，環境配慮設計要求が必要とされないことを規定する場合もある．

付属書Ⅰは一般的環境配慮設計要求についての記述であり，付属書Ⅱは特定環境配慮設計要求についての記述である．付属書Ⅰのパート１は考慮すべき環境配慮設計パラメータを複数例示している．この最後の段落が述べていることは，その例示リストの中から，「この製品にはこのパラメータは考慮不要」とも規定できるということである．

───第 15 条 - ⑤ ───

7. 要求事項は，市場監視当局により，該当 EuP が実施措置の要求事項に適合していることを検証できることを確実にするように策定されなければならない．

実施措置は，直接 EuP について確認がなされるかどうか，または技術文書に基づくのかを特定しなければならない．

この条文は適合性の検証に関係してくる．先に述べたように CE マーキングの適合性は幾つかのモジュールより成り，直接測定で検証できるものもあるし，内部管理文書をもとに判定するものもある．実施措置ではその明確な基準

が規定されることになる．おそらく特定環境配慮設計要求（待機時電力の制限値など）については直接測定の方法が，また一般的環境配慮設計要求（エコロジカルプロファイルの策定など）については技術文書に基づく形が自然なのではないだろうか．

第 15 条 - ⑥

8. 実施措置には付属書 VII に列挙する要素が含まれなければならない．

実施措置の詳細は付属書 I，付属書 II およびこの付属書 VII で補足されており，かなりの分量の情報となっている．付属書の内容については後述する．

2.13 第 16 条（作業計画）

ここでは，実施措置を策定するに至る道筋が示されている．

第 16 条 - ①

1. 第 15 条に規定された基準に従って，ならびに第 18 条に規定されたコンサルテーションフォーラムでの協議を持つことにより，欧州委員会は 2007 年 7 月 6 日までに作業計画を策定し，公にしなければならない．

　かかる作業計画は，次の 3 年間の間に実施措置採択のための優先事項として考えられる製品群のリストを設定しなければならない．

　かかる作業計画は，コンサルテーションフォーラムでの協議後，欧州委員会により定期的に見直されなければならない．

ここで「コンサルテーションフォーラム」が出てくる．詳しくは次の第 18 条に述べられているので割愛するが，コンサルテーションフォーラムが重要で

あること，作業計画，すなわち実施措置の対象製品群リストは定期的に見直されていくことに着目すべきである．

第 16 条 - ②

2. しかしながら，移行期間においては，第1項に規定された当初の作業計画が策定される間，欧州委員会は，第19条2項に規定された手続き，第15条に規定された基準に従って，またコンサルテーションフォーラムで協議した後，先取りして適切に以下を導入しなければならない．

——まず，暖房および温水機器，電気モーターシステム，家庭および第三次セクターにおける照明，家庭用電気製品，家庭および第三次セクターにおける事務機器，民生用電子機器およびHVAC（暖房・換気・空調）システムなど，コスト効果の高い温室効果ガス排出削減を提供できる可能性が高いとしてECCP（欧州気候変動プログラム）により認定された製品から開始する実施措置

——製品群の待機時ロスを削減するための別の実施措置

そしてこの第2項が，既に開始された準備調査の背景となっている．じっくり考えている以前に，もっと早くこの製品群だけは着手せよという指示が述べられている．暖房，温水器，電気モーター，照明，家電品，事務機器，民生用電子機器，HVACが名指しされている．さらに，製品を特定せずに待機時ロスのみを特別に取り上げている．これらは，準備調査の各ロット（テーマ）と一致している．注意すべきはこれらはあくまで暫定的に先行着手した製品群であり，2007年7月にはさらに検討すべき製品群が指定され，その後にも定期的に見直されるということである．

2.14 第18条（コンサルテーションフォーラム）

大変重要な役割を果たすコンサルテーションフォーラムがここで規定されている．

第18条 - ①

1. 欧州委員会は，その活動に当たり，それぞれの実施措置について，加盟国の代表者および当該の製品や製品群すべての関係者（中小企業や工芸産業，労働組合，取引業者，輸入業者，環境保護団体，消費者団体を含んだ業界など）の平均的な参加を欧州委員会が監視することを確実にしなければならない．これらの関係者は，特に，実施措置の規定および見直し，確立された市場監視メカニズムの効果の検証および自主協定ならびにその他の自主規制措置の評価に貢献しなければならない．かかる関係者は，コンサルテーションフォーラムに出席しなければならない．本フォーラムの手続きの規則は欧州委員会により策定されなければならない．

コンサルテーションフォーラムは実施措置の策定に広く意見を反映させる大変重要な場であるが，筆者が欧州委員会の企業総局担当官に聞いた話では，50座席くらいしかないとのこと．各国の代表委員が25人出るので，我々日本から出席することは難しいかも知れない．出られれば快挙ということになる．産業界からはEUとしての主要な業界団体であるEICTAなどには出席できるのではないかと予想されている．

2.15 第20条（罰則）

すぐに気になるのは罰則である．これは各国が決めることになる．

> **第 20 条 - ①**
>
> 　加盟国は，本指令に従って採択された国家規定違反に適用される罰則を確定しなければならない．かかる罰則は，効果的で，バランスがとれ，抑止力があるものでなければならず，また，不適合の程度および欧州共同体市場に上市された不適合製品の数を考慮しなければならない．

　ただし，不適合の程度と販売数量に関係することになる．大幅な違反をする人は少ないと思われるが，販売量が多ければ，それなりに覚悟が必要ということになる．

2.16　第 25 条（実施）

> **第 25 条 - ①**
>
> 1.　加盟国は，本指令を遵守するのに必要な法規，規則，管理上の規定を 2007 年 8 月 11 日より前に発効しなければならない．また，加盟国は，その旨を直ちに欧州委員会に通知しなければならない．
>
> 　加盟国がこれらの措置を選択する時は，本指令に対する言及がなされなければならず，あるいは官報告示の発表時点でかかる言及が付記されていなければならない．そのような言及を行う方法は加盟国により規定される．

　いわゆる Transpose（加盟各国が欧州指令を国内法に移転して制定する）と同様の義務が，ここでは Implementation（欧州委員会の原案では Transposition と記載しているので本質的な違いはなさそうである）として定められ，2007 年 8 月 11 日の期限が設定された．

2.17 付属書Ⅰ（一般的環境配慮設計要求事項の設定方法）

ここからは付属書を解説する．EuP枠組み指令のテキストの中では付属書のボリュームが大きく，かつ重要な要件を確立しているので，EuP指令を理解する上で，付属書をおろそかにすることができない．まず付属書Ⅰでは第15条（実施措置）で引用された一般的要求事項の詳細な枠組みが示されている．

付属書Ⅰ-①

パート1．EuPに対する環境配慮設計パラメータ

1.1 製品設計に関連する限り，著しい環境側面は製品のライフサイクルにおいて次に掲げる諸ステージに照らし合わせて特定される．
- (a) 原材料の選択および使用
- (b) 製造
- (c) 梱包，輸送および流通
- (d) 設置および保守
- (e) 使用
- (f) 使用済段階，初回使用が最終処分まで最終段階に達したEuPの状態を意味する

ここにライフサイクルステージとして6つの具体的なリストが示されている．かなり限定的であるが，第15条6項により，実施措置の対象とする製品群にふさわしくないものは除外できることになっている．

エコデザインの分野では一般的な分類といえるが，(a)は通常「原材料の製造」と表現することが多く，例えば原油や鉱石の採掘からはじまって製造工場に至るまでステージを意味すると思われるが，選択と使用（Selection and use）という表現がやや疑問の余地を残す．どちらかというと環境側面にふさわしい表現になっている．(f)はEOL（End of Life）と通常表現され，リサ

イクルや最終処分を含む概念である．

付属書 I - ②

1.2 各ステージに対して，以下の環境側面を適宜評価する．
   (a) 材料，エネルギー，および淡水など他の資源の予想消費
   (b) 大気，水または土壌への予想排出
   (c) 騒音，振動，放射線，電磁界などの物理的影響による予想される汚染
   (d) 予想される廃材料の生成量
   (e) 指令 2002/96/EC を考慮に入れ，材料および/またはエネルギーの再使用，リサイクルおよび再生の可能性

ここでは環境側面のリストが示されている．こちらもほぼ常識的な線で固めている．しかし，(c) の中の「放射線」や「電磁界」は環境保護の世界には含めないのが通例である．EU を含め各国が別の法規制や別の規格によって既に管理しているからである．やはり第15条6項により除外される可能性もある．

環境側面 \ ライフステージ	原材料	製造	梱包/流通	設置/保守	使用	EOL
エネルギー消費						
水消費						
汚染物質排出						
● ● ●						
リサイクル性						

（原材料〜EOL：付録 I のパート 1 の 1.1）
（エネルギー消費〜リサイクル性：付録 II のパート 1 の 1.2）

図 2.2.1　ライフステージと環境側面を用いたライフサイクル評価

このライフステージと環境側面は各々独立の評価軸であり，マトリックス表で製品のライフサイクルを把握することが一般的である（図2.2.1参照）．

付属書Ⅰ-③

1.3 特に，前述のパラグラフで言及されている環境側面の改善の可能性を評価するために，以下のパラメータを適宜使用し，また必要に応じ別のパラメータを補う．

(a) 製品の重量と容積
(b) リサイクル活動に由来する材料の使用
(c) ライフサイクルを通じたエネルギー，水，他の資源の消費
(d) （前略）健康および/または環境に有害と分類される物質の使用
(e) 適切な使用および保守に必要とされる消耗品の量と性質
(f) 再使用およびリサイクルの容易性（後略）
(g) 中古構成部品の組み込み
(h) 構成部品および機器全体の再使用およびリサイクルに弊害をもたらす技術的ソリューションの回避
(i) 耐用年数の延長（後略）
(j) 廃棄物発生量および有害廃棄物発生量（後略）
(k) 大気中への排出（後略）
(l) 水中への放出（後略）
(m) 土壌への放出（後略）

実際にはかなり長い文章（巻末の日本語訳を参照されたい）であるが，環境側面に関連する具体的なパラメータ（変数）が列挙されている．単に環境側面だけを定量化したものではなく，(a) の「製品の重量と容積」のように設計値を指しているものもある．両者が混在していてややわかりにくい．いずれにせよ，EuP枠組み指令のテキストの中では，1.1のライフステージ，1.2の環境側面，そして1.3のリストの全てをまとめて環境配慮設計パラメータ

(Ecodesign parameters) と称している．

付属書Ⅰ-④

パート2. 情報提供に関連する要求事項

　実施措置は，製造者以外の関係者によって当該 EuP が取り扱われ，使用され，リサイクルされる方法に影響を及ぼす可能性のある製造者が提供すべき情報を要求できる．
――製造工程に関連した設計者からの情報
――製品の上市された時に消費者が製品のかかる側面を比較できるよう，商品に付属した製品の著しい環境特性およびパフォーマンスに関する消費者向け情報
――環境への影響を最小にし，最適な耐用年数を確保するための製品の設置，使用，保守の方法と使用済時の製品の返却方法に関する消費者向け情報，また必要に応じ，スペアパーツの入手可能期限および製品の機能向上の可能性に関する情報
――使用済時の解体，リサイクルないし処分に関する処理施設向け情報
――情報は可能な限り製品自体に関して与えられなければならない．この情報は，指令 2002/96/EC のように，他の欧州共同体法令に基づく義務を考慮する

　この他にも，EuP 指令の本文では第14条（消費者への情報）で情報提供が義務づけられている．やや紛らわしいが，第14条は特定要求，一般要求を問わず要求されるものであり，このパート2はあくまで一般要求に関係するものである．両者は独立した要求事項はであるが，こちらのパート2が第14条の内容を包含していることから，当該製品に一般的環境配慮設計要求が課された場合には，このパート2を遵守するだけで事足りるものと思われる．

―― 付属書Ⅰ-⑤ ――

パート3. 製造者に対する要求事項

1. EuP の製造者は，製品設計を通じて根本的に影響を受ける可能性のある，実施措置が定義する環境側面に焦点をおき，通常の条件および使用目的に関する現実的な想定に基づき，ライフサイクルを通じた EuP モデルの評価を行うことを義務づけられる．その他の環境側面を自発的に調査してもよい．

　この評価に基づき，製造者は EuP のエコロジカルプロファイルを作成する．エコロジカルプロファイルは，環境に関連する製品特性および製品のライフサイクルを通じて発生する測定可能な物理量で表されるインプット/アウトプットを根拠とする．

2. 製造者は，代替設計ソリューションを査定するために，および製品の環境パフォーマンスのベンチマークと比較しての達成状況を査定するために，この評価を利用する．

　ベンチマークは，実施措置の準備作業において集めた情報を基にして，実施措置として欧州委員会が決定する．

　特定の設計ソリューションの選択は，すべての関連法に適合する一方，様々な環境側面の間の合理的バランス，ならびに，環境側面と安全・健康，機能・品質・性能に関する技術的要求事項，および製造コストや市場性など経済的側面を含む他の関連側面との合理的バランスを達成する．

　ここで，初めてエコロジカルプロファイルの義務と設計プロセスに関連する義務が示される．したがって，一般的環境配慮設計要求が課せられた場合にの

み，エコロジカルプロファイルの作成が必要となり，そして第14条により実施措置がこれを要求すれば，消費者への情報として開示される義務が発生する．

2.18 付属書II（特定環境配慮設計要求事項の設定方法）

付属書IIでは特定要求の詳細を記述している．

――― 付属書II-① ―――
　特定環境配慮設計要求事項の目的は，製品が選ばれた環境側面を改善することである．同要求事項は，該当する場合には，所与の資源の消費量削減を要求事項とすることがある．例えば，EuPのライフサイクルの各種ステージにおいて，資源の使用量に制限を設ける（例：使用ステージにおける水消費量の制限，所与の材料の製品への組み込み量の制限またはリサイクル材の最低量の要求など）．

ここでは，水などを取り上げているが，「製品の選ばれた環境側面」としてまず最初に欧州委員会がフォーカスしているのは前文にも示されているようにエネルギー消費である．ライフステージと環境側面を同等にできるので，例えば「使用ステージのスタンバイ電力の制限値」というものを設定することができる．次の説明ではエネルギーについて記載されている．

---- 付属書 II - ② ────────────────

1. （前略）

　使用時のエネルギー消費量に関しては，他の環境側面への影響も考慮しながら，エネルギー効率基準または消費量基準が代表的 EuP モデルの最終ユーザーにとって最低のライフサイクルコストを目標として設定されなければならない．（後略）

　水など他の資源にも同様の方法を適用できる．

　ライフサイクルコストの考え方が唐突に出てくる．これも調査（Study）の対象となっている．「特定要求といえどもライフサイクルの最適化を考慮しないわけではない，狭視野な規制ではない」と主張しているように思える．ライフサイクルの環境側面ではなくて，ライフサイクルのコストを考慮することとなっている．ここに少し違和感がある．単純に考えてしまうと，ライフサイクル全体のコストを低減することが，ライフサイクル全体の環境影響を低減するよりも優先するという論理になる．ただし，巻末の日本語訳をみていただけると分かるが，外部コスト（社会的コスト）も考慮に入れているので，例えば，温暖化防止対策のための追加コストが発生する場合はそれもライフサイクルコストに含まれる可能性がある．結局，環境影響をコストという尺度で評価して最小化するという趣旨ではないだろうか．

2.19　付属書 IV（内部設計管理）

第8条（適合性評価）でどちらを選んでもよいとされる片方の内部設計管理である．

付属書 IV - ①

1. ここでは，本付属書の第2項に定める義務を履行する製造者または製造者の認定代理人が EuP を適用される実施措置の関連要求事項に適合させることを確保し，宣言する場合の手続きについて定める．適合宣言書は，一つまたは複数の製品を対象とすることができ，また製造者により保管されなければならない．

まず従来の CE マーキングに関連する手順で必ず出てくる適合宣言書が位置づけられている．したがって次は，技術文書ファイルである．

付属書 IV - ②

2. EuP が適用される実施措置の要求事項に適合していることを評価するための技術文書ファイルは，製造者が作成する．文書化に当たっては，特に次に掲げる事項を明確に記載する．
   (a)　EuP とそれが意図される用途についての一般的説明
   (b)　製造者が実施した関連の環境評価調査の結果，および/または製造者が製品設計ソリューションの評価・文書化・決定に使用した環境評価文献やケーススタディの出典
   (c)　実施措置により要求される場合は，エコロジカルプロファイル
   (d)　製品の環境配慮設計側面に関連する製品設計仕様の要素
   (e)　全面的または部分的に適用された第10条に述べた適切な整合規格のリスト，および第10条に述べた整合規格が適用されていない場合，もしくはかかる整合規格が適用される実施措置の要求事項を

> 完全にはカバーしていない場合には，適用される実施措置の要求事項を満たすべく採用された解決策の記述
> (f) 付属書Ⅰのパート2に定められた要求事項に従って提供された製品の環境配慮設計側面に関する情報のコピー
> (g) 環境配慮設計要求事項に関して実施された測定結果．これには適用される実施措置に定める環境配慮設計要求事項と比較した場合の当該測定結果の適合に関する詳細を含む

(c) のエコロジカルプロファイルは「実施措置により要求される場合」となっているが，付録Ⅰに述べられているように一般的環境配慮設計要求が課せられた場合は自動的に必須になる．(g) は特定環境配慮設計要求もカバーできる項目となっている．

―― 付属書 IV - ③ ――
> 3. 製造者は，第2項に言及されている環境配慮設計要求事項，および適用される当該措置の要求事項に従い，製品が確実に製造されるように必要なあらゆる対策を講じなければならない．

ここが「設計管理」のマネジメント的な要求である．PDCAサイクルでの継続的な改善までは要求されていないが，「製品が確実に製造されるように必要なあらゆる対策を講じ」という部分が，単に文書を用意するだけではだめですよといっている．

2.20 付属書V（適合性評価のためのマネジメントシステム）

付属書V-①

1. ここでは，本付属書の第2項の義務を履行する製造者がEuPを適用される実施措置の要求事項に適合させることを確保し，宣言する場合の手続きについて定める．適合宣言書は，一つまたは複数の製品を対象とすることができ，また製造者により保管されなければならない．

付属書IV（内部設計管理）1項と全く同じに見えるが，「認定代理人が」の文言が抜けている．確かに環境マネジメントシステムを代理人がやっても仕方がないのであって，製造業者がやらなければならない．一方で，内部設計管理は文書を用意するだけなので代理人がやってもよいということだろうか．それでも製造業者が代理人任せではまずいので，第3項でくぎを刺しておいたというところではないか．

付属書V-②

2. マネジメントシステムは，製造者が本付属書の第3項に規定される環境要素を実施するという条件で，EuPの適合性評価に活用できる．

現在，マネジメントシステムとしてISO 9000やISO 14001が広く活用されている．もちろんEUのEMASもあり，こちらは特別扱いで見做し適合の対象である．さて，EuP指令のために，新たなマネジメントシステムを導入したくない企業は多い．この場合，次の第3項に述べられている要素が組込まれていれば，従来のマネジメントシステムでも活用できるということをも意味している．

―― 付属書 V-③ ――
3.1 環境製品パフォーマンス方針

　製造者は，適用される実施措置の要求事項適合を証明することができなければならない．製造者はまた，環境製品パフォーマンス目的と全体的な環境製品パフォーマンスを改善するための指標を設定し，見直しするための枠組みを提供することができなければならない．

　実施措置が要求される場合，製造者が設計および製造を通じて，EuP の全体的な環境パフォーマンスの改善および EuP のエコロジカルプロファイルを確立するために採択した措置はすべて，書面による手続きならびに指示という形式で，体系的かつ秩序ある方法により文書化されなければならない．

　かかる手続きおよび指示は，特に次に掲げる項目について十分な記述をしなければならない．
―― EuP の適合性を証明するために用意しなければならない，また該当する場合，提示すべき文書の一覧表
―― 環境製品パフォーマンス目的と指標およびその実行と維持に関する組織構造，資源配分，経営陣の責任と権限
―― 環境パフォーマンス指標に対する製品パフォーマンスを検証するため製造後に実行されるべき検査および試験
―― 必要な文書を管理し，かつそれを最新の内容にしておくことを確保するための手続き
―― マネジメントシステムの実施および環境要素の効果を検証する方法

　第 1 段落は通常のマネジメントシステムにおける「方針」と変わらないが，「環境製品パフォーマンス方針」という新たな言葉が出現している．第 2 段落

はかなり細かく，全体の方針というよりも，文書化の方針のように思える．文書に記載すべき内容についてはさらに付属書V-⑤3.3で詳細に規定されている．

付属書 V - ④

3.2 計 画

製造者は次の事項を確立し，維持する．
a) 製品のエコロジカルプロファイルの作成手続き
b) 技術的および経済的要求事項を考慮に入れて技術上の選択肢を検討した，環境製品パフォーマンスの目的および指標
c) かかる目標を達成するためのプログラム

ここでもエコロジカルプロファイルが出てくるが，a) は ISO 14001 では「環境側面の特定」に相当する．したがって，これらは全て既存マネジメントシステムの枠組みによく整合する．

付属書 V - ⑤

3.3 実施と文書化

3.3.1. 文書化に当たっては，マネジメントシステムに関して特に次に掲げる事項を記載すべきである．
a) 効果的な環境製品パフォーマンスおよびその見直しと改善の運用報告を確保するために，責任と権限が定義され文書化される．
b) 実施された設計管理と検証手法，ならびに製品設計時に使用された工程および系統的対策を述べた文書が作成される．
c) 製造者は，マネジメントシステムの中核環境要素および必要な文書全てを管理する手順を述べた情報を確立し，維持する．

3.3.2. 文書化に当たっては，EuP に関して特に次に掲げる事項を明確に記載する．
- a) EuP とそれが意図される用途についての一般的説明
- b) 製造者が実施した関連の環境評価調査の結果，および/または製造者が製品設計ソリューションの評価，文書証明および決定に使用した環境評価文献やケーススタディの出典
- c) 実施措置により要求される場合，エコロジカルプロファイル
- d) 環境配慮設計要求事項に関して実施された測定結果を記述した文書．これには，適用される実施措置に定める環境配慮設計要求事項と比較した場合の当該測定結果の適合に関する詳細を含む．
- e) 製造者は，適合性を保証するために使用した手段を記載した仕様書を確立する．特に，第9条に言及される規格が適用されない場合，あるいは関連する実施措置の要求事項を完全にカバーしていない場合には，適用した規格を記載する．
- f) 付属書 I のパート 2 に定められた要求事項に従って提供された製品の環境配慮設計側面に関する情報のコピー

これはかなり細かいが，どちらかというと一般的な意味での Documentation（文書化の手順）については 3.1（環境製品パフォーマンス方針）の第2段落に，文書に記載すべき内容についてはこちらに書いてあるように思える．すでにお気づきの方もいると思うが，3.3.2は付属書 IV（内部設計管理）の第2項（技術文書ファイル）と似通っている．付属書 V にしても CE マーキングを貼り付け，その適合性評価の根拠となる技術文書の代わりをするのであるから同然であろう．ところが一部は違うところがあって，例えば付属書 IV の (e) 項とこちらの (e) 項を比較すると，こちらには整合規格のリストと表現する代わりに仕様書と表現している．不適切な場合の代替規格を示せという部分だけは同様であるが．また，付属書 IV の (d) 項で要求されている，環境配慮と設計仕様との関係についての記載が欠如している．わずかな違いな

がら，厳格な CE マーキングの技術文書として通用するのかどうかはやや疑問を感じる．

付属書 V - ⑥

3.4 確認および是正措置

a) 製造者は，EuP がその設計仕様および適用される当該措置の要求事項に従い，製品が確実に製造されるように必要なあらゆる対策を講じなければならない．

b) 製造者は不適合状況を調査し，応じる手続きを確立，維持して，是正措置から生じた手順書の変更を実施する．

c) 製造者は，少なくとも3年ごとに環境要素に関してマネジメントシステムの全面的な内部監査を実行する．

PDCA サイクルの C と A に当たる部分である．これはやはり一般的なマネジメントシステムとしては違和感のない要件になっている．逆にこの a) の文言を，付属書 IV（内部設計管理）の第3項に取り入れているのである．

2.21 付属書 VI（適合宣言）

これまで何度も出てきた CE マーキングの適合宣言であるが，以外とあっさりした文書である．

―― 付属書 VI - ① ――――――――――――――――

EC 適合宣言書には次の事項を盛り込まなければならない．

1. 製造者または製造者の認定代理人の名称と住所
2. 明白な識別のための十分なモデルの説明
3. 該当する場合，適用した整合規格の言及
4. 該当する場合，使用したその他の技術規格と仕様
5. 該当する場合，CE マーク貼付のために適用したその他の欧州共同体法令の言及
6. 製造者または製造者の認定代理人を拘束する権限を有する者の身元を証明するものと署名

実際にも紙一枚のケースが多い．これを製品とともに出荷する必要があるかどうかは，実施措置次第である．従来の事例では製品の操作マニュアルの巻末に付けていることが多いようである．

2.22 付属書 VII（実施措置の内容）

ここでは実施措置として発行する文書の内容を規定しているが，解説を特に加えることはないので，巻末の対訳和文をご覧いただきたい．

2.23 EuP 枠組み指令条文の相互関係

これまでに述べたように，EuP 枠組み指令の各条文はお互いに複雑な依存関係を持っていて理解し難い面がある．そこで次のような関係図を作成した．矢印の基にある条文が先にある条文の解釈に影響を及ぼしているという関係になる．

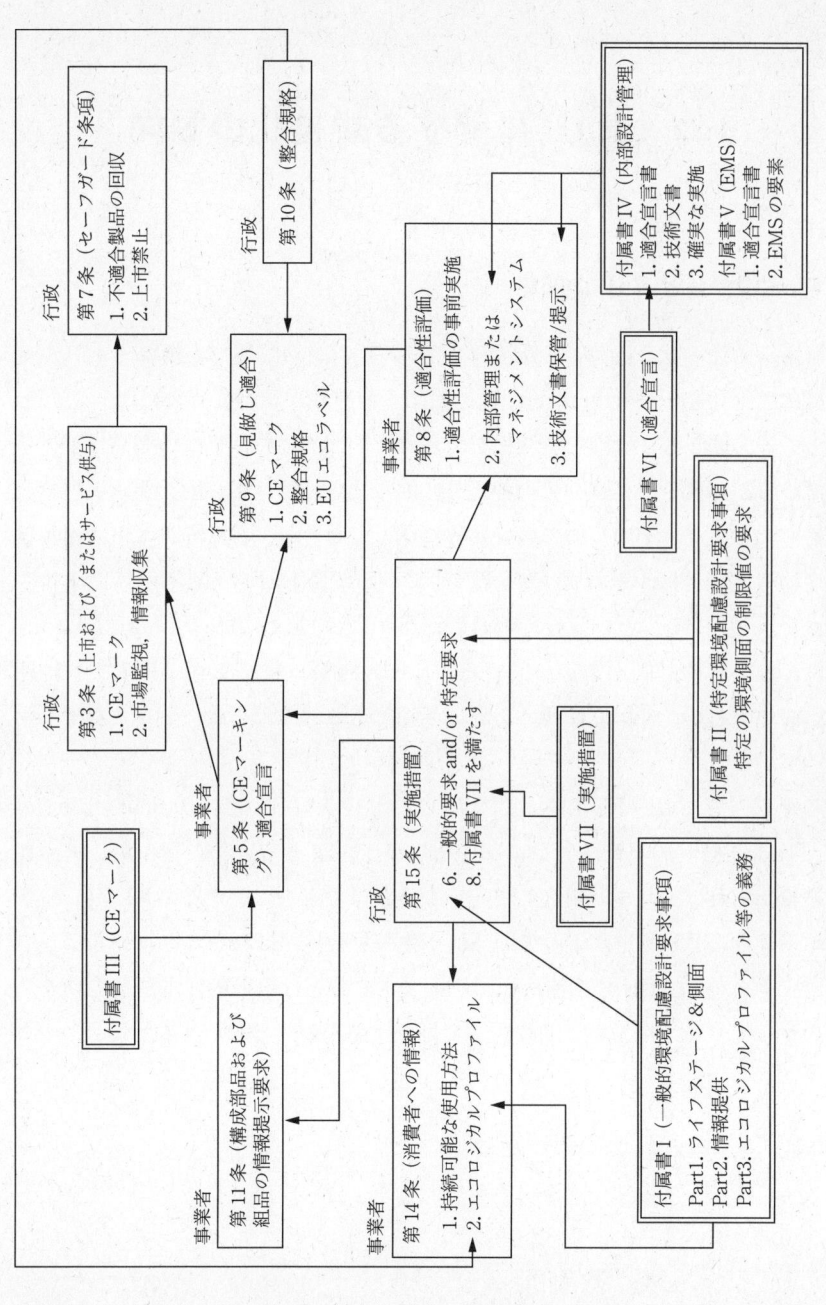

図 2.2.2　EuP枠組み指令の条文相関

3章　EuPに関する規格化の動向

3.1　国際規格とEuPの関係

　第1章で述べたように，EuPはニューアプローチに基づく指令であり，それ故に整合規格（Harmonized Standard）の存在が適合性評価に大きく関わってくる．図2.3.2にはこの関係を示した．同図上段にはEUの製品規制を示している．ニューアプローチの考え方に則って，法律は本質的な要求事項を定めるものであり，そのための適合要件に関しては，EUの規格団体が欧州規格に定める．例えば，電気電子機器に関してはCENELEC（欧州電気標準化委員会）のTC 111 Xという技術委員会が第10条の定めに従って，Mandateを受け，規格化の計画を策定している．RoHS指令は厳密なニューアプローチではないものの，やはり法規の遵守に活用できる規格は行政にとって重要なツールである．

　しかし，これらのEU内規格はWTOにおけるTBT（Technical Barrier to Trade：貿易の技術的障壁に関する）協定によって，既に存在する国際標準規格があればこれを基礎として用いなければならない．すなわち，ニューアプローチとTBT協定によって国際標準化の重要性がにわかにクローズアップされてきている．EUの法律に他国が干渉することは原則的にはできないが，このからくりを活用すると間接的に意見を反映することができる．

図 2.3.1　ベルギーのブリュッセルにある CENELEC の入り口と受付け

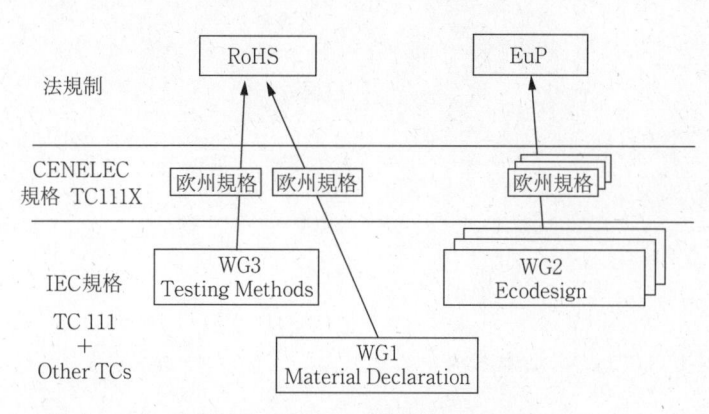

TBT 協定により，欧州規格は該当する国際規格をベースにしなければならない

図 2.3.2　EU の製品規制と規格の関係

3.2 IEC と ISO

CENELECに該当する国際規格化組織がIEC (International Electrotechnical Commission：国際電気標準会議)である．国際標準化というと，ISO (国際標準化機構) が有名だが，実はIECの方が歴史が古く，国際標準化は電気分野から始まった．IECは1906年に設立され，その後，1926年に主として機械分野に関しての標準化機関ISAが設立された．このISAは1942年に活動を終了し，その後1947年になってISOが設立されたのである．

しかし，環境分野への取り組みはISOの方が遙かに早い．1993年にTC (Technical Committee：技術委員会) 207が設立され，ISO 14000シリーズという多数の規格やガイド文書が生み出されたことは記憶に新しい．一方でIECは2004年10月まで環境分野の規格を作ることのできる技術委員会はなかった (ガイド文書を作ることのできる環境諮問委員会は存在したが)．この技術委員会がTC 111である．ISO/TC 207に遅れること約10年でようやくIECも環境の規格作りに着手した．

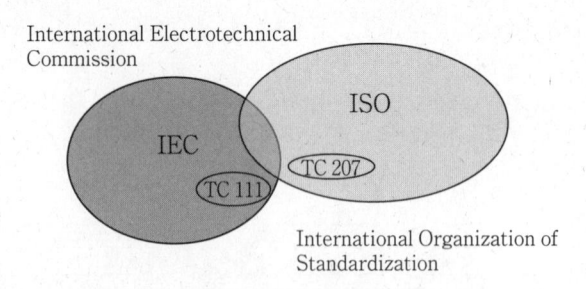

図2.3.3 ISOとIECの環境への取り組み

3.3 IEC TC 111 の活動状況

IEC TC 111には現在22の参加国と，6のオブザーバ国がある (図2.3.4)．参加国は投票権のある国を意味するが，このうち半数の11ヶ国が欧州勢であ

TC 111 Membership

AUSTRALIA (AU)	Participating	KOREA (REPUBLIC OF) (KR)	Participating
AUSTRIA (AT)	Participating	MALAYSIA (MY)	Observer
BELGIUM (BE)	Participating	MEXICO (MX)	Observer
CANADA (CA)	Participating	NETHERLANDSA (NL)	Participating
CHINA (CN)	Participating	NORWAY (NO)	Participating
CZECH REPUBLIC (CZ)	Participating	POLAND (PL)	Observer
DENMARK (DK)	Participating	SINGAPORE (SG)	Observer
FINLAND (FI)	Participating	SLOVENIA (SI)	Observer
FRANCE (FR)	Participating	SPAIN (ES)	Participating
GERMANY (DE)	Participating	SWEDEN (SE)	Participating
INDIA (IN)	Participating	SWITZERLAND (CH)	Observer
ISRAEL (IL)	Participating	THAILAND (TH)	Participating
ITALY (IT)	Participating	UNITED KINGDOM (GB)	Participating
JAPAN (JP)	Participating	UNITED STATES OF AMERICA (US)	Participating

Number of Participating countries : 22
Number of Observer countries : 6
web page generated : 23 May 2006

図 2.3.4　IEC TC111 の参加国 (IEC ホームページより)

る．いざ投票になると欧州は結束する傾向があるので，非欧州勢としては自国のプレゼンスを高める努力が必要になる．

　そのような状況下で，幹事国はイタリアであるが議長国が日本というのは，大きな意味を持っているといえよう．この TC 111 の設立当初は，3 つの WG (Working Group：規格原案作業部会) が計画された．各々の WG は NP (New Work Item Proposal) と呼ばれる提案書が参加国投票によって承認された後に各国の専門家を募集して組織化するもので，通常は NP の提案者がコンビナ（国際主査）を務める．当初の計画通りアメリカが主査を務める WG 1 は製品（部品も含む）を構成する材料や物質に関する宣言書の規格を策定する WG であり，筆者が主査を務める WG 2 は世界で初の環境配慮設計規格を目指し，ドイツが主査の WG 3 は RoHS 指令の対象となっている 6 物質の含有量を測定する手法を規格化する．WG 1 と WG 3 は主として RoHS 指令を背景としており，WG 2 は EuP 指令を背景としたものだともいえる．

76   3章　EuPに関する規格化の動向

```
┌─────────────────────────────────────────────────┐
│ TC 111 幹事 Andrea Legnani（イタリア），議長 森紘一（日本）│
└─────────────────────────────────────────────────┘
   ├─ WG1 Material Declaration（製品含有物質調査）
   │                    Convenor Robert Friedman（米）
   ├─ WG2 ECD（エコデザイン）　Convenor 市川芳明（日本）
   └─ WG3 RoHS 測定法　　　　ConvenorMarkus Stutz（ドイツ）
```

図 2.3.5　IEC TC111 の構成（2006 年 5 月時点）

3.4　WG 2 での IEC 62430 の策定作業

　WG 2 での策定作業は既に佳境に入っており，2005 年 5 月から 2006 年 1 月にかけて 3 回の国際会議を開催している．

図 2.3.6　2005 年 5 月 28 日の第 1 回会合（電機工業会にて）

図 2.3.7　2005 年 10 月 13 日の第 2 回会合（ミラノ）

図 2.3.8　2006年1月25日の第3回会合（バンコク）

エキスパートの構成を図2.3.9に示す．世界各国から多くの方々の参加を得て，大変熱心な議論と役割を分担しての原稿作成作業が進行中である．日本のエキスパートの数が多いのは，日本が主査国であり，より良い規格を策定するために貢献したいという日本の姿勢を表わしている．

2006年7月にはアメリカで4回目の会議を行い，ここでWGとしての正式規格原案（CD）を提出することが合意され8月4日に各国に回覧された．そ

Convenor:	Members:		
Dr. Yoshiaki ICHIKAWA Hitachi, Ltd.	■ Dr. Akajate - APIKAJORNSIN (TH) ■ Mr. Alfred ARNAIZ MIGUEL (ES) ■ Ms Mary BURGOON (US) ■ Mr. Daniel DE SCHRYVER (BE) ■ Mr. Jean-Luc DETREZ (BE) ■ Mr Giuseppe DI MASI (IT) ■ Mr. Onno ELZINGA (Liaison) ■ Dr. Antonio GIACOMUCCI (IT) ■ Mr. Akinori HONGU (JP) ■ Senior Engineer Kaiyun HUANG (CN) ■ Ms Manxue HUANG (CN) ■ Mr. Richard E. HUGHES (GB) ■ Miss A. HUMBERSTONE (GB) ■ Ms Kristine KALAJIAN (US) ■ Mr. Friedrich KOCH (DE) ■ Ms Kaisa-Reeta KOSKINEN (FI) ■ Mr. Seiich KURIHARA (JP) ■ Prof. Kun-Mo LEE (KR) ■ Mr. Michael E. LOCH (US) ■ Dr Thomas MARINELLI (NL) ■ Mr. Keijiro MASUI (JP) ■ Ph.D. Jeongmin MOON (KR) ■ Mr. Rawiwat PANASANTIPAP (TH) ■ Monsieur Frédéric RABIER (FR) ■ Mr. Ronald H. REIMER (US) ■ Ms Donna SADOWY (US) ■ Mr. Kiyoshi SAITO (JP) ■ Mr. Takao SATO (JP) ■ Mr. Andreas SCHNEIDER (DE) ■ Dr. Hans SETHI (GB) ■ engineer Geng SHAN (CN) ■ Mr. Reine SJOERS (SE) ■ Michael SPIEGELSTEIN (IL) ■ Mr. Tetsuya TAKAHASHI (JP) ■ MR. Yasushi UMEDA (JP) ■ Dr. Shu YAMADA (JP) ■ Mr. SungMo YEON (KR) ■ Mr. Keiichi YOSHIDA (JP) ■ Engineer Yulin ZHOU (CN)	日本 米国 中国 英国 韓国 ベルギー イタリア ドイツ タイ スペイン フランス フィンランド スウェーデン オランダ イスラエル ECMA 合計	9 5 4 3 3 2 2 2 2 1 1 1 1 1 1 1 39

図 2.3.9　WG2のメンバー構成（2006年5月現在）

れでも規格の本文が最終的に決定されている FDIS（最終国際規格案）の承認は，2007年末になるものと思われる．規格の番号は既に IEC 62430 と決まっていて，タイトルは "International Standard on Environmentally Conscious Design for Electrical and Electronic Products and Systems" である．

一方，EuP に関するスケジュールは，欧州標準機構が Mandate 341 の最終報告書を提出するのが 2006 年の 8 月となっている．これに合わせて正式ドキュメントとして引用してもらうことのできる CD を発行できれば，IEC 62430 はひとまず彼らの俎上に載ることができる．さらに EuP の実施措置の第一波が発行される 2007 年末には，FDIS にこぎ着けることができ，これも CENELEC 規格策定のベースとなり得るステータスに到達する．

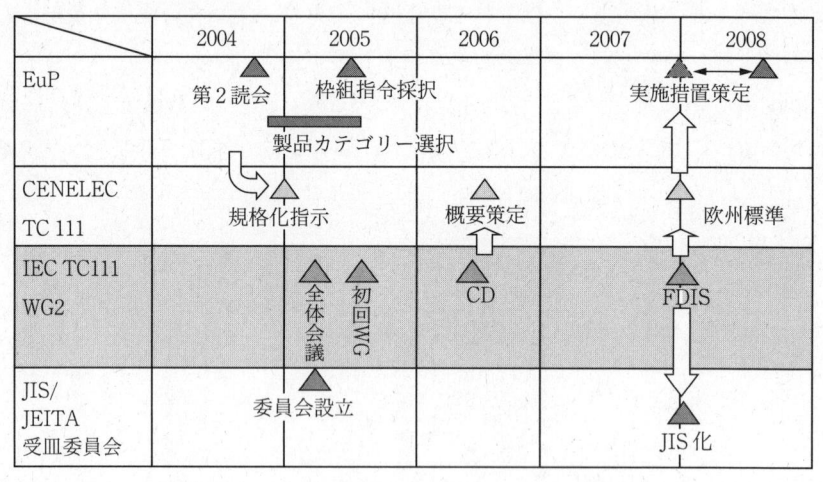

	2004	2005	2006	2007	2008
EuP	第2読会	枠組指令採択／製品カテゴリー選択		実施措置策定	
CENELEC TC 111		規格化指示	概要策定	欧州標準	
IEC TC111 WG2		全体会議／初回WG	CD	FDIS	
JIS/ JEITA 受皿委員会		委員会設立		JIS化	

図 2.3.10　IEC62430 策定スケジュール（暫定版）

3.5　IEC 62430 の概要

スケジュールに示したように，IEC 62430 の原稿はまだ完成の途上だが，これまでの WG 内部での各国エキスパートの合意事項として，姿が見えてきているものがある．

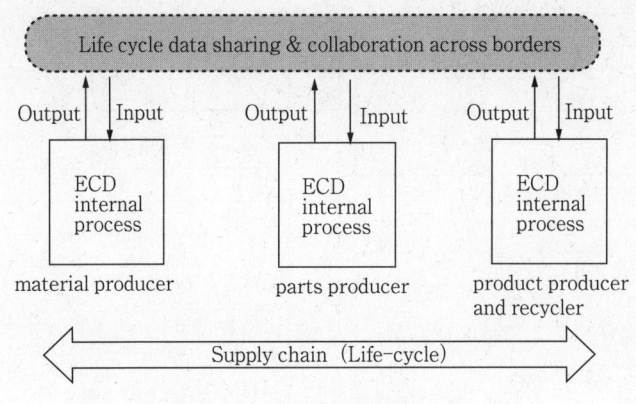

```
          ┌─────────────────────────────────────────────┐
          │ Life cycle data sharing & collaboration across borders │
          └─────────────────────────────────────────────┘
             ↑↓              ↑↓              ↑↓
          Output Input    Output Input    Output Input
          ┌──────┐        ┌──────┐        ┌──────┐
          │ ECD  │        │ ECD  │        │ ECD  │
          │internal│      │internal│      │internal│
          │process│       │process│       │process│
          └──────┘        └──────┘        └──────┘
       material producer  parts producer  product producer
                                          and recycler
          ←─────────── Supply chain (Life-cycle) ───────────→
```

図 2.3.11　本規格の国際貢献イメージ

　まず，なぜ本規格が必要であるのか，すなわち国際標準を作らなければならない理由についてである．製品のライフサイクルはサプライチェーンとほぼ対応している．最近の製品は国境を越えて作られていることから，ライフサイクルを追いかけることは国際的な分業/協業が必要である．本国際規格によって，サプライチェーンに関わるすべての設計者が各々本規格に基づく環境配慮設計を実施することによって，ライフサイクルの情報が共有でき，また作業負荷を分担できる（図2.3.11）．

　次に，本規格のスコープである．本規格は製品固有の内容への言及を避けて，一般的な要求事項を述べることにした．これはIECの組織構造を反映している．TC 111は製品固有のTCではないが，多くの成分や別のTCがある（図2.3.12）．例えば，TC 20は電力ケーブル，TC 59は家庭用電気製品，TC 62は医用電気機器，TC 108はオーディオ・ビデオ，情報技術，通信技術分野における電子機器を専門に扱っているTCである．本来，環境配慮設計は細かいところではこれらのTCが規格を決めるべきであろう．

　そこで，IEC 62430はこれらの製品分野に共通した（Genericな）規格としての内容を記述することにした．これらは本文中の第4項と第5項に集約されており，他の製品分野規格もこの部分を基礎として開発していただくことで，

No.	Title
2	回転機
5	蒸気タービン
7	架空電気導体
14	電力用変圧器
17	開閉装置及び制御装置
20	電力ケーブル

No.	Title
21	蓄電池
22	パワーエレクトロニクス
34	電球類および関連機器
47	半導体デバイス
59	家庭用電気機器
62	医用電気機器
108	オーディオ・ビデオ，情報技術，通信技術分野における電子機器

図 2.3.12 IEC の製品別 TC の一部

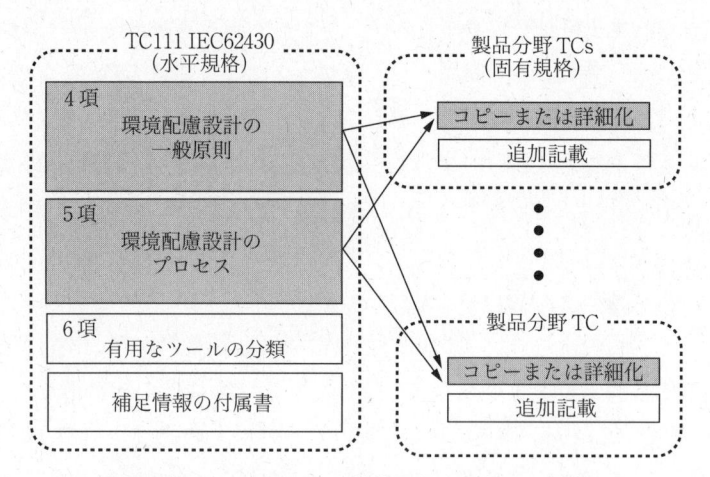

図 2.3.13 IEC62430 の構成と他の規格との関係

全体として矛盾がなく整合性が取れることになる（図 2.3.13）．すでに WG 2 よりも先に何らかの製品環境配慮の規格化に乗り出しているのが TC 20（エコラベルのみ），TC 62，TC 108 であるが，IEC 62430 が CD になった段階で調整できるように，主査同士でコミュニケーションを進めている．

　この IEC の環境配慮設計に関する規格を EuP 指令の文書構成と比較する

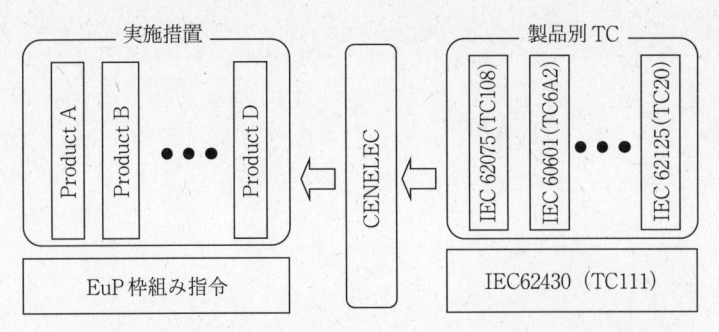

図 2.3.14 EuP 指令の文書構成と IEC の規格の対応関係

と，図 2.3.14 のような見方ができる．中央にある CENELEC（欧州の規格協会）をチャンネルとして，IEC 62430 が枠組み指令をサポートする規格の原案になり，他の製品別の環境配慮設計規格が実施措置に引用可能な規格原案になるという構想である．実際，IEC においてボランティアとして汗を流している各国のエキスパートの多くはこのような将来像を目指して活動している．

第3部
EuP指令がもたらす影響と対策

1章　EuP指令の何が問題か？

1.1　サプライチェーン規制の問題

　EuP指令は典型的なサプライチェーン規制である．特に一般的要求事項においては，全ライフサイクルステージを考慮した環境配慮設計が求められる．しかも図3.1.1に示すように，そのライフサイクルのかなりの部分が複数の国に及ぶことが珍しくはない．

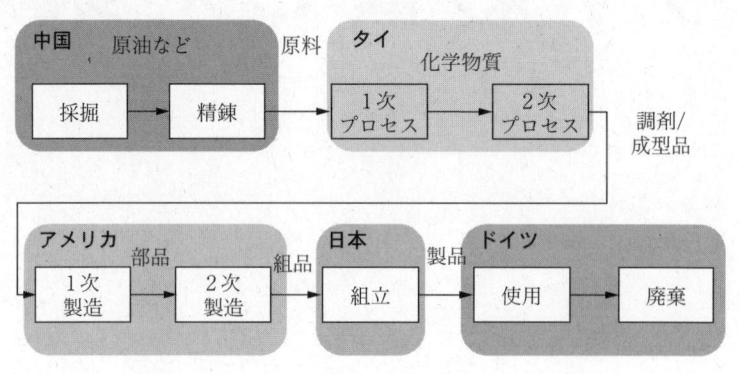

図3.1.1　最近の製品のライフサイクルの一例

　我々はRoHS指令の対応で既に多くの経験を積んだ．最大の課題はサプライヤーからの情報入手であり，さらに直接のサプライヤーからの情報のさらに一段上，すなわちサプライヤーのサプライヤーとなると，その情報入手はほぼ絶望的であった．EuP指令は，資源採取からEnd-of-Life（使用済段階）までの全ライフサイクルを視野に入れて，設計時に全体最適化を図ることを要求している．これにはサプライチェーン全体の情報を何らかの形で入手し，しかもサプライチェーン上の各アクター（Actor）に何らかの形で協力してもらわ

なければならない．川上にはサプライチェーンマネジメントを通じて，川下にはユーザーへの情報提供を通じてということになるだろう．多くの企業にとっていままでに経験したことのない新たな業務が発生することになる．

1.2 環境配慮設計パラメーターの問題

　EuP 指令が求める環境配慮設計では，多くのパラメーターを考慮する必要がある．それらのパラメーターは3つの異なった軸に分類できる．第1の軸は製品の構成を示す．材料 → 子部品 → 部品 → 製品と要素から全体へと組み上がっていく軸である．第2の軸は環境側面を表わす．化学物質の使用，エネルギーの消費，資源消費，振動などがこの軸である．さらに，第3の軸がある．これがライフサイクルを表わす軸であり，素材製造，加工，輸送，使用と各ライフステージが並ぶ．環境配慮設計とは，実はこの3次元のデータをまるごと取り扱う手法である．例えば，子部品の輸送工程の消費エネルギーを1つのパラメーターとして使う．

　これに比較すると，RoHS 指令対応はまだ容易であった．環境側面は化学物質を固定し，ライフステージはなく，製品構成の1軸だけの，1次元のデー

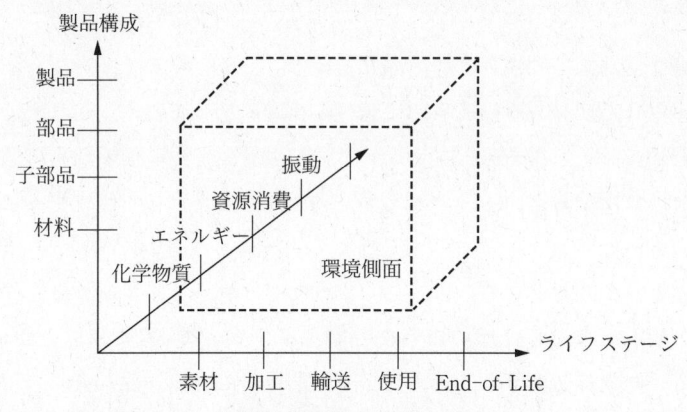

図 3.1.2　環境配慮設計に必要なパラメーター

タでこと足りた．1次元対3次元という大きな飛躍を余儀なくされるのがEuP指令である．

1.3 CEマーキングの問題

CEマーキングはこれまで表3.1.1に示す21の製品分野（各々がEU指令）で要求されてきた．CEマーキングを貼り付けるためには適合性評価手続きが必要であるが，該当するEU指令によって細かく規定されている．これらに比較して，EuP枠組み指令はごく大雑把に記載しているのみであることから，今後各々の製品分野ごとに実施措置として細かく規定がなされるものと思われる．

表3.1.1　CEマーキングの従来分野

低電圧機器	非自動重量計	レジャーボート
単純圧力容器	埋込式能動型医療機器	エレベーター
玩具	ガス燃焼機器	冷蔵機器
建設資材	熱水ボイラ	圧力容器
EMC	民生用爆薬	遠隔通信端末
機械	医療機器	体外診断用医療機器
個人保護具	爆発危険場所における機器とシステム	計測器

この適合性評価の手続きは，一通りではなく，8つのモジュール（基本手続き）の組み合わせをある程度自由に選べるようになっている．これまでの指令では，どのモジュールを選択するにしても，設計面と生産面の双方の適合性を証明しなければならない．そのエビデンスを技術文書として作成することが求めらる．

企業にとって問題となるのは，このようなCEマーキングの適合性評価手続きが，一般的に普及してはいないことである．多くの企業では，上記の21種類の指令の対象外であり，これまで全く無関係か，ごく一部の人のみが関係していたという状況ではないだろうか．EuP指令は上記の21種類の対象範囲を

遙かに超える幅広い製品分野を包含することになるので，これまでCEマーキングの手続きに慣れていなかった人々が否応なしに巻き込まれていくことになる．

　同じ製品規制であるRoHS指令と比較すると，CEマーキングを貼るということは大きなハードルであることが分かる．RoHSでは，結果的に製品に指定物質が含まれていなければよい．なんらのマークも情報開示も要求されていない．また，欧州の税関で検査するわけではないので，ある程度の見せかけの努力さえしておけば，仮に実態が伴わなくても，見つからなければ問題はないという考え方さえできる．これと比較してEuP指令は，所定の手続きを要求するマークを貼付するだけに，仮に指定機関による認可や認証がいらないケースでも，きちっとした内部ルールとドキュメントが必要である．設計から生産，品質保証，場合によっては調達部門の役割分担を要求する．

2章　EuP指令にどのように対処すべきか

2.1　日本の状況からみた EuP 対応の方向性

2.1.1　環境配慮設計—日本における法制化の状況

　1980年代後半から1990年代の初頭において，先進各国は，天然資源消費量，廃棄物発生量および環境負荷の最小化を目的に「循環型経済社会の構築」を模索するようになった．さらに，1994年には，OECDがEPR（Extended Producer Responsibility：拡大製造者責任）の理念を提唱し，素材調達から廃棄方法まで製品に対して最も情報を持っている生産者（Producer）に対応を求める考え方が各国の法規制に影響を与えることとなった．

　日本においても，1990年以降，業種別や製品カテゴリー別という2つの観点から，リサイクル，廃棄物処理等の法制化が進展した．とりわけ，電気・電子製品に関しては，先ず「再生資源の利用の促進に関する法律（再生資源利用促進法：リサイクル法）」が1991年10月に施行され，製品メーカーに対して設計段階の適切なアセスメントの実施や技術開発等が求められることとなった．さらに，1998年4月に制定された「特定家庭用機器再商品化法（家電リサイクル法）」は，2001年4月より施行され，家電製品メーカー自身が廃家電製品のリサイクルの責務を負ってリサイクルプラントの運営を行う静脈産業の動脈化を実現させることとなり，電機・電子業界に環境配慮設計が浸透していく契機となった．

　この間，産業界全体の認識として，日本経団連（日本経済団体連合会）が1996年7月に「経団連環境アピール〜21世紀の環境保全に向けた経済界の自主行動宣言」を取りまとめ，循環型経済社会の構築に関しては，従来の「エンド・オブ・パイプ」での対処ではなく，製品の設計から廃棄までのすべての段

階で最適な効率を実現する「クリーナー・プロダクション」に努めること，そのために，LCA の視点にたった廃棄物の発生抑制・再利用やリサイクルの推進や処理の容易性などを念頭においた製品開発に取り組むことが宣言された．

こうした中で，政府は，2000 年を循環型社会元年と位置づけ，2000 年の通常国会で「循環型社会形成推進基本法」をはじめとするリサイクル関係の法律6 法が改正あるいは制定され，循環型経済社会構築の基礎が確立された（図3.2.1）．この中で，1991 年に制定された再生資源利用促進法では，業種別・

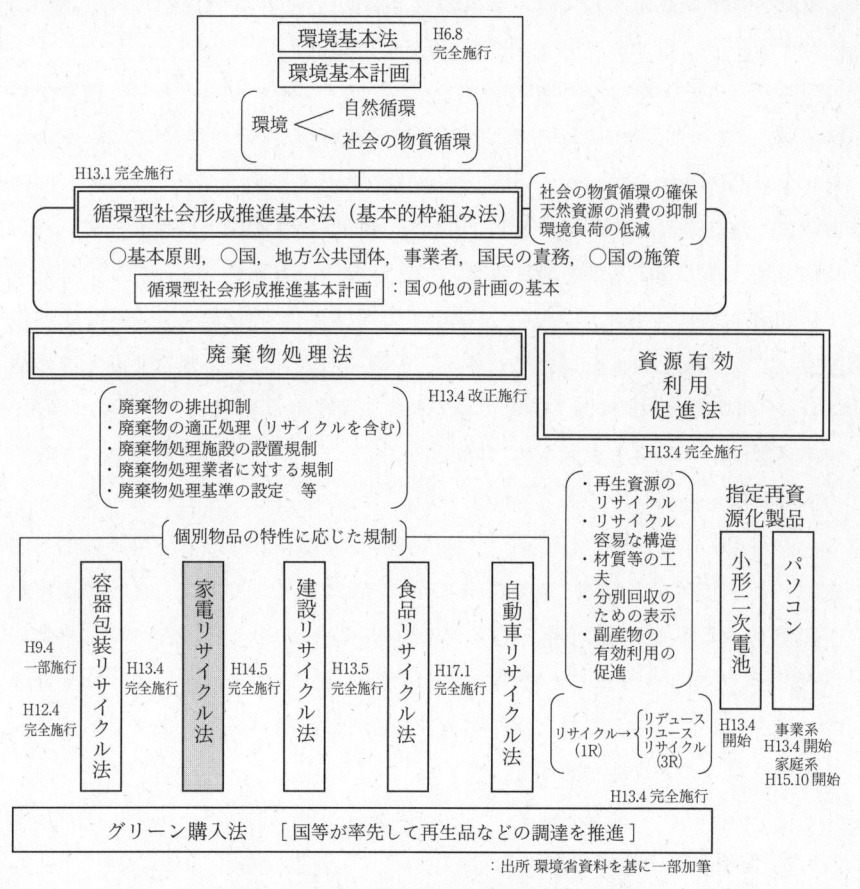

図 3.2.1 循環型社会形成の推進のための法体系

製品カテゴリー別に，3 R，つまり，リデュース（Reduce）・リユース（Reuse）・リサイクル（Recycle）を義務付けた「資源有効利用促進法：改正リサイクル法」の制定と抜本的な見直しが行われ，同時に，政府機関に環境負荷の少ない物品の計画的な購入を義務付け，製品メーカーに対しては環境ラベルなどによる適切な情報提供体制の整備を規定した「環境物品調達推進法（グリーン購入法）」が 2001 年 4 月に施行され，法制度上で環境配慮設計が明確に位置づけられることとなった．

電気・電子製品に関しては，これ以外にも，「エネルギー等の使用の合理化に関する法律（省エネ法）」の中で，1998 年の改正時にトップランナー基準が適用されることとなった．家庭やオフィスなどでエネルギーを多量に消費する冷蔵庫，エアコン，照明器具，テレビ，VTR，複写機などが対象となり，その後も対象製品の追加が行われている．トップランナー基準は，それぞれの製品において，現在商品化されている省エネトップ機種の性能以上に今後開発される技術を加味して達成基準を設けるもので，世界的にも類を見ない制度である．

1990 年以降の今日に至る中で，電機・電子業界は，他業界に先駆けて環境配慮設計への取り組みを進めている．家電製品の分野では，家電リサイクル法施行後，下流段階で年間約 1000 万台を超える廃製品が回収・リサイクルされ，使用済製品由来の再生資源を再び同じ製品カテゴリーに使用するといった資源の有効利用が進展しつつある．従来の製品サイクルにはなかった新たなライフサイクルチェーンが現出し，リサイクル工場からの情報が設計・製造段階へ的確にフィードバックされ，製品開発という上流段階で世界的にも先端の環境配慮設計への取り組みが可能となっている．欧州において，廃電気電子機器（WEEE）の回収リサイクルに関する各国法が，2005 年 8 月からようやく部分的にスタートしたことを見れば，実効性の面において，日本の循環型経済社会への取り組みの先進性がわかる．

2.1.2 電機・電子業界の取組み

EuP 指令は，対象製品への環境配慮設計の義務付けによる循環型経済社会

の構築を意図しているが，日本においても，前項で述べたように，環境配慮設計は確実に進展している．図3.2.2は，家電製品分野を例に，日本の電機・電子業界の環境配慮設計への取り組みを時系列でまとめたものである．

1990年以降，環境配慮設計の可能性を追求してきた中で，電機・電子業界においては，製品カテゴリー別の環境配慮設計ガイドラインともいうべき，製品アセスメントガイドラインの制定とその運用が推進装置として働いてきた．また，LCAや環境ラベルといった評価，情報提供のツールが準備された．現在では製品のライフサイクルにおいて廃棄までを考慮した「ゆりかごから墓場まで」のシステムを超えて，再生材・再生部品の利用までを見据えた「ゆりかごからゆりかご」までのシステム，つまり，動脈と静脈が一体で運用されるLife Cycle Thinking型のシステム構築が目指すべき次のステップとなってきている．欧州をはじめ，各国においても法制度の適用対象範囲が製品の回収・

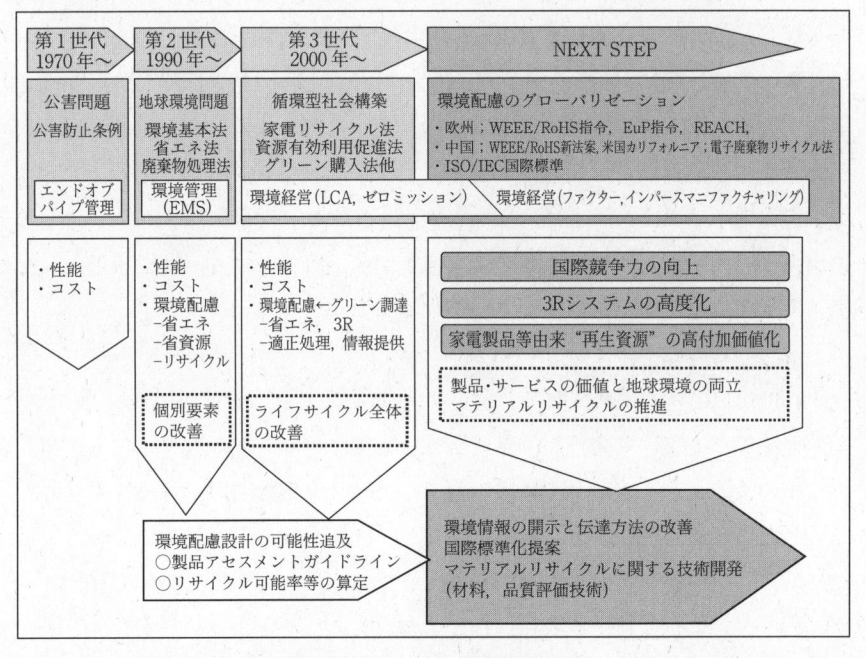

図 3.2.2 家電製品分野における環境配慮設計への取り組み

リサイクルといった下流段階から設計・製造の上流段階へと拡大しつつある中で，電機・電子業界における Life Cycle Thinking 型のシステム構築は，先端的な取り組みといえよう．製品製造や素材・部品調達の国際的な分業化ならびに市場の国際化が更に進展していることも踏まえれば，日本の中で独自に進化してきた環境配慮設計への取り組みを，EuP 対応を視野に入れながらその実効性を国際的にもアピールし，グローバル・サプライチェーンでの適用を検討していくことが不可欠となってきている．

本項では，日本の電機・電子業界の取り組みの中で特徴的な内容を紹介し，日本における EuP 対応の方向性を示唆する．

2.1.3 製品アセスメントの充実

製品アセスメントは，製品の設計段階において，資源投入 → 製造 → 流通 → 使用 → 収集・運搬 → リサイクル → 適正処理といったライフサイクル全般を考慮し，①天然資源の使用量削減，②再資源利用の可能性向上，③エネルギー消費の削減，④特定化学物質の使用制限，⑤廃棄物の発生抑制　等に向けた工夫・配慮を組み込むことにより，製品の環境負荷の低減に資することを目的に実施する事前評価を示すものである．

電機・電子業界においては，様々な製品カテゴリー別に製品アセスメントの運用は一般化しているが，ここでは，家電製品分野における（財）家電製品協会の取り組みを例に，その特徴を紹介する．

〈取り組みの経緯〉

- 1991 年 10 月に「家電製品　製品アセスメントマニュアル（第 1 版）」を他業界に先駆けて発行し，会員会社（家電メーカー）の取り組みを支援．その後，表 3.2.1 に示す経緯の中で，当初，廃棄物問題の解決を主目的とした内容が，現在では，製品ライフサイクル全般の環境負荷の低減を主目的とした内容へと充実化が図られてきている．

〈製品アセスメントの評価項目と目的〉

- 実際の評価項目として，14 項目をチェックリストとして規定．これらは，

表 3.2.1 （財）家電製品協会の製品アセスメントの取り組み経緯

	発行	家電業界の取り組み	特長・変更点
第1版	1991年10月	家電製品廃棄物問題の解決 ・1991年 　再生資源利用促進法 ・1998年 　家電リサイクル法 　省エネ法改正	・リデュース・リサイクルに重点 ・分離・分解処理容易化のための特定部品の指定 ・プラスチックの材質表示の統一
第2版	1994年10月		・処理困難性事前評価の追加 ・項目別評価に加え，総合評価の推進 ・ニカド電池使用機器の表示の統一
第3版	2001年3月 (2003年1月 概要版-和英 発行)	ライフサイクル全般を考慮した環境負荷の低減 ・2000年 　資源有効利用促進法 　グリーン購入法 ・2006年 　資源有効利用促進法 　一部改正	・3R・地球環境問題への対応 ・ライフサイクルを考慮した評価項目の追加 ・定量評価の推進，省エネの法的側面の記載
第3版 (追補)	2004年9月 (2005年2月 英語版発行)		・新材質表示やリサイクルマークの追加 ・推奨する表示サイズや表示位置を明示
第4版	2006年5月		・製品アセスメントチェックリストを充実化 ・表示に関する各種の設計ガイドラインを掲載 ・国内外の環境動向・関連情報を掲載 　(IEC Guide 114 等の考慮)

出典：家電製品　製品アセスメントマニュアル第4版（2006年5月）を基に一部加筆「(財) 家電製品協会」

循環型経済社会構築における Life cycle thinking を意図して設定され，製品のライフサイクルの各ステージで考慮すべき項目である（表3.2.2）．

〈製品アセスメントの実施と評価〉

・製造事業者は，新機種を開発・設計する段階において，製品の環境配慮に関する目的と目標を決め，Plan（計画），Do（実施），Check（点検），Action（見直し）のPDCAサイクルを回すような継続的改善が図れる実施体制を構築する．アセスメントは，実際には，設計時点，試作時点，量産試作時点のいずれか，または複数時点で実施し，従来製品と当該製品との間で，材料・構造・性能・機能などを対比し，環境に及ぼす影響度に応じた評価項目，評価基準，評価方法を決め，各個別項目の評価をするとともに，採用した評価項目ごとの評価＝個別評価やその結果を集約した総合

表 3.2.2 製品アセスメントガイドラインの評価項目とその目的

No.	評価項目	目的
1	減量化・減容化	・限りある資源の使用量の削減 ・廃棄物の発生の抑制
2	再生資源・再生部品の使用	・資源の循環利用の促進
3	再資源化等の可能性の向上	・使用済み製品の処理の際に再利用しやすい材料を使うことでリサイクルやリユースを促進
4	長期使用の促進	・製品の長期間使用による資源の有効利用，廃棄物の発生量の削減
5	収集・運搬の容易化	・使用済み製品の収集・運搬の効率化
6	手解体・分別処理の容易化	・使用済み製品のリユースやリサイクルの容易化
7	破砕・選別処理の容易化	・強固な部品や油漏れ，磁石などによる破砕機へのダメージや工程への悪影響の防止 ・破砕後の混合物の選別
8	包装	・包装材の省資源，リサイクル等の促進 ・包装材の減量化，減容化等による流通段階での環境負荷低減
9	安全性	・爆発の危険性や火傷，怪我など，安全性の確保とリスクの削減
10	環境保全性	・法令，業界の自主基準等で決められた製品含有化学物質の使用禁止，削減，管理
11	使用段階における省エネ・省資源等	・消費電力量等の削減や温室効果ガスの発生抑制 ・消耗材の使用量削減
12	情報の提供	・必要情報をふさわしい表示方法で提供し，使用・修理・処理を適切に実施
13	製造段階における環境負荷低減	・製造段階での有害物質や廃棄物，消費電力量等の環境負荷を低減
14	LCA（ライフサイクルアセスメント）	・製品のライフサイクルでの環境負荷を定量的に事前評価し，設計段階で改善を図り，環境負荷を低減

出典：家電製品　製品アセスメントマニュアル第 4 版（2006 年 5 月）「(財) 家電製品協会」

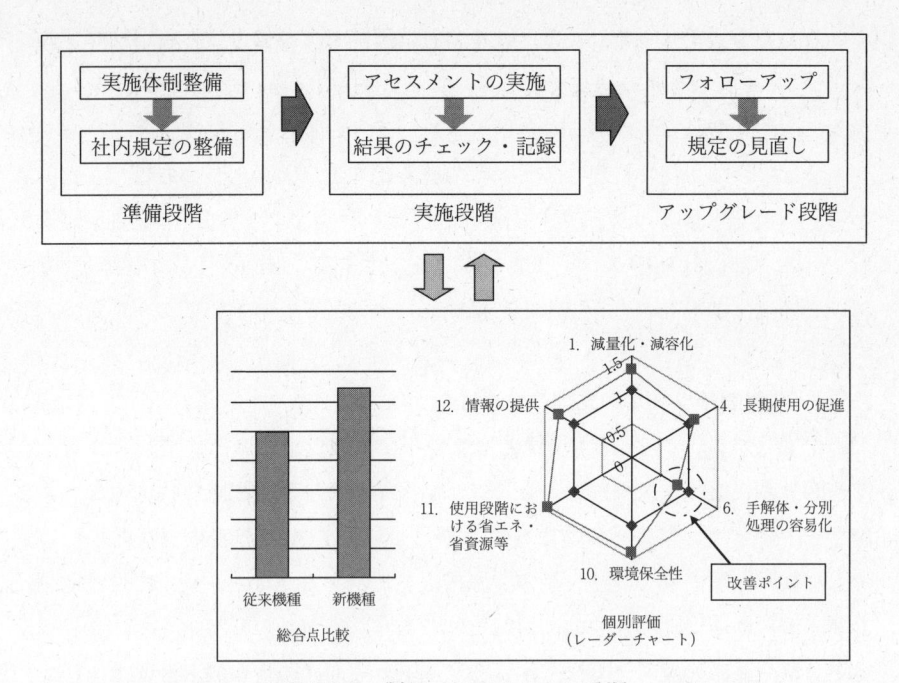

図 3.2.3 製品アセスメントの手順
出典：家電製品　製品アセスメントマニュアル第4版 (2006年5月)
「(財) 家電製品協会」

評価を行う（図3.2.3）．アセスメントの実施とその結果は，当該製品設計者によるセルフチェックだけではなく，客観的な内部評価を加えたダブルチェック体制で行われることが望ましい．

製品アセスメントは，製品カテゴリー毎の環境配慮設計ガイドラインとして当該業界が自主的に推進している．前述の家電製品協会による家電製品を対象としたものだけでなく，他にも複写機・複合機を対象とした製品アセスメントマニュアル作成のための3R設計ガイドライン（(社) ビジネス機械・情報システム産業協会），パソコンやIT機器を対象とした情報処理機器の環境設計アセスメントガイドライン（(社) 日本電子工業振興協会（現，(社) 電子情報技術産業協会）など，各々のカテゴリー毎に内容が見直され，充実化が図られ

ている．各企業レベルでは更にそれを自社に展開して評価方法の専用ソフトの開発やLCA評価を組み込むなどして高度に運用され，品質マネジメントシステムにおける製品実現へのプロセスアプローチとの整合化，環境マネジメントシステムにおける経営管理システムへの統合化などが図られつつある．これにより，環境配慮事項のチェックリスト的な扱いに留まらず，EuP指令が要求している内部設計管理ツール（第8条；適合性評価，Annex-IV；内部設計管理）を具現化するものとしても十分に機能しつつあるものといえよう．

2.1.4 情報開示ツールの充実

EuP指令では，第14条；消費者情報の中で，製造事業者は，消費者に対して当該製品の機能とエコロジカル・プロファイル及び環境配慮の具体的なベネフィットに関する情報を確実に提供しなければならないと義務づけられている．同様に，製品カテゴリー毎の実施措置を規定するAnnex-Ⅰ一般的環境設計要求事項の中で，消費者向け情報だけでなく，廃製品のリサイクルに係る解体・分解やその処理・処分に関するリサイクラー向けの情報開示も要求されている．

従って，製品の情報開示も環境配慮設計の必須の要件であり，2.1.3で述べた製品アセスメントにも消費者や顧客向け，リサイクラー向けに必要情報をふさわしい表示方法で提供することが求められている．ここでは，製品データの定量的な情報提供を行うツールとして，先ず，日本で，経済産業省の支援のもとに（社）産業環境管理協会が開発・運用しているタイプⅢ環境ラベルである「エコリーフ環境ラベル」の取り組みを例に，その特徴を紹介する．

〈取り組みの経緯〉

・タイプⅢ環境ラベルは，ISO 14025として2006年7月に国際規格化されたLCAを基礎とした製品やサービスの定量的環境情報提供ツールである．特徴は，エコマークのようなタイプⅠ環境ラベルとは異なり，一定の環境配慮基準に対する合否判定ではなく，環境影響を定量的なデータとして情報開示するものであり，判断は受け手である製品のユーザーに委ねら

れる．
・エコリーフ環境ラベルは，ISO での国際規格化に先行し，2002 年 4 月から本格実施がスタートしている．当初，複写機やプリンタ，パソコンといった OA 機器で先行し，その後，デジタルカメラや更には産業用機器まで製品分野を広げつつあり，現在，393 件が公開されている（2006 年 10

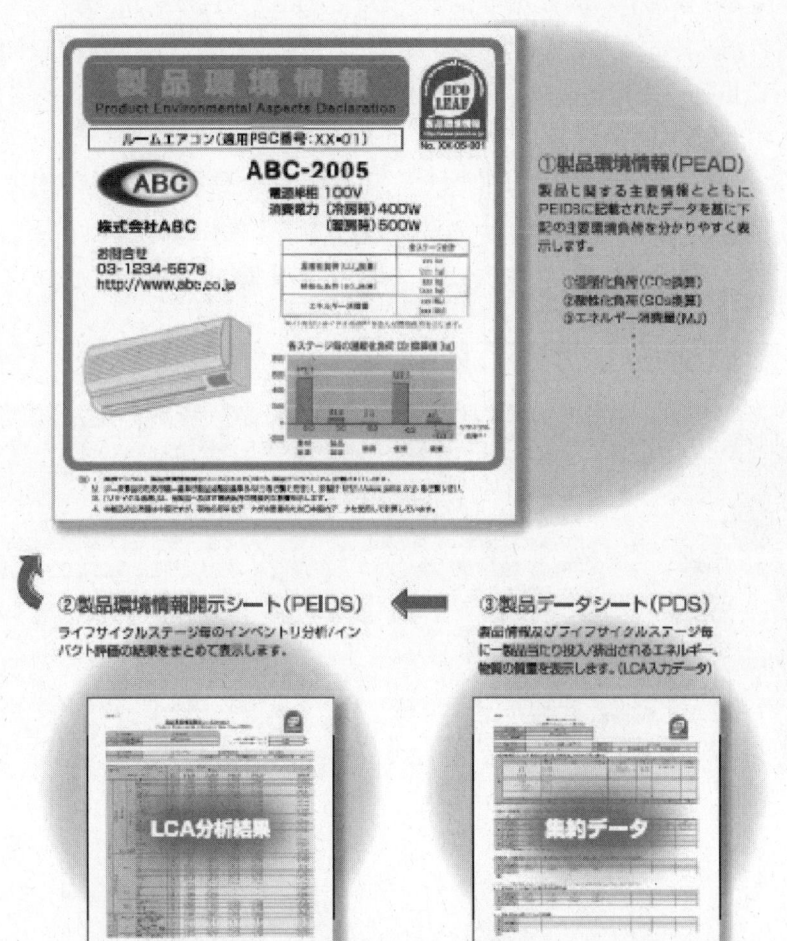

図 3.2.4　エコリーフ環境ラベルの情報開示フォーマット

月13日現在).

〈環境情報の定量データ化〉

・当該製品のLCAに基づくインベントリ及びインパクトデータを製造（素材・部品），物流，使用，廃棄/リサイクルといった各ステージ毎及びその合計を環境情報の定量データとして開示する．このために，個別製品・サービスが属する分野の分類，データ収集，LCA手法の適用，データ表示などの一定の基準を定めた製品分類別基準（PSC：Product Specific Criteria）を用意している．

〈開示情報のフォーマット〉

・エコリーフ環境ラベルは三つのシート（製品環境情報/製品環境情報開示シート/製品データシートから構成される（図3.2.4）．

エコリーフ環境ラベルの他にも，製品データの定量的な情報提供を行うツー

事業者名		三洋電機(株)	シャープ(株)	(株)東芝	日立アプライアンス(株)	松下電器産業(株)	三菱電機(株)
基礎情報	型式名	ASW-HB800D	ES-AG80D	AW-802HVP	NW-8BX	NA-F80SD1	MAW-V8TP
	種類	全自動洗濯機	全自動洗濯機	全自動洗濯機	全自動洗濯機	全自動洗濯機	全自動洗濯機
	インバータ搭載の有無	有	有	有	有	有	有
仕様	洗濯容量(kg)	8kg	8kg	8kg	8kg	8kg	8kg
	外形寸法(mm)(幅×奥行×高さ)	595×620×993	595×605×970	600×569×960	612×590×960	599×612×1010	600×595×958
	発売時期	2002年9月	2002年12月	2002年7月	2002年10月	2002年7月	2002年7月
	愛称	ハイブリッド電解水で洗いあう	Ag+イオンコート	アクア美白洗浄	エアジェット乾燥白い約束	白くいたまないLab	部屋干しカラット
環境情報	1 製品使用時消費電力量(Wh/回)	79 Wh/回	82Wh/回	89Wh/回	54 Wh/回	53 Wh/回	82Wh/回
	2 製品の主要素材構成(質量構成比)						
	製品質量(kg)	45 kg	46 kg	41kg	41 kg	43 kg	41 kg
	●鉄及び鉄合金(含ステンレス)	57%	58%	49%	51%	41%	57%
	●銅及び銅合金	4%	3%	2%	2%	2%	0.1%以下
	●アルミニウム	ー	ー	ー	3%	3%	4%
	●プラスチック	26%	26%	32%	40%	40%	31%
	●ガラス	ー	ー	ー	ー	ー	ー
	●その他	13%	13%	17%	4%	14%	8%
	3 ●再生プラスチック使用部品	使用なし	使用有り	使用有り	使用有り	使用有り	使用なし
	4 取扱説明書等文書類の紙使用量(g)	紙123g(再生紙使用)	紙109g(再生紙使用)	紙110g(再生紙使用)	紙210g(再生紙使用)	紙215g(再生紙使用)	紙150g(再生紙使用)
	5 荷姿式包装の主要素材構成(質量構成比)	使用なし	使用なし	使用なし	使用なし	使用なし	使用なし
	包装材質量	4kg	4.6 kg	3.0kg	3.7 kg	kg	3.2 kg
	●プラスチック(発泡スチロール)	7%	14%	13%	8%	10%	15%
	6 ●プラスチック(その他)	ー	2%	ー	3%	14%	ー
	●紙						

図3.2.5　情報開示データベース（電気洗濯機の例）
出典：（社）日本電機工業会ホームページ http://www.jema-net.or.jp/Japanise/kaden/kankyo/8kg.htm

ルとして，例えば，(社)日本電機工業会が，2000年10月に家電製品共通環境表示自主基準を制定し，同時に工業会のWEB上に家電製品環境情報「Eco-Profile for Home Appliances」サイトを開設している．現在，同サイト(http://www.jema-net.or.jp)から，会員企業が市場に供する冷蔵庫，洗濯機等の環境情報を発信している（図3.2.5）．

(社)日本電機工業会の取り組みの特徴は次の通りで，開示情報はISO 14021：タイプⅡ環境ラベルに基づく自己宣言を基本とし，製品のライフサイクルを考慮した12の環境側面を特定し，家電製品に共通する環境表示項目・指標（算出ルールを含む）を業界自主基準として制定したものである（表3.2.3）．

現在，(社)日本電機工業会の取り組みを踏まえ，家電製品共通の考え方として，(社)電子情報技術産業協会，(社)日本冷凍空調工業会でも同じ制度が導入され（表3.2.4，内容については，2004年度に表示項目・指標の見直しが実施され，同時に，製品含有特定化学物質の情報を中心に，表示項目・指標を追加し（製品含有特定化学物質，待機時消費電力等の表示項目・指標の追加，製品アセスメントの実施等に関する管理項目を加え，2006年度中には新基準とする予定），データ更新や製品カテゴリーの拡充を進めていくこととされている．

なお，パソコンについては，有限責任中間法人パソコン3R推進センターが実施しているパソコンのPCグリーンラベル制度がある．これは，3R（リデュース，リユース，リサイクル）に配慮したパソコンの環境への包括的な取り組みを表現するもので，以下の3つの条件を満足した製品に適用されている．
・環境（含む3R）に配慮した設計・製造がなされている．
・使用済み後も引取り，リユース/リサイクル・適正処理がなされている．
・環境に関する適切な情報開示がなされている．

以上のように，日本でも産官連携のエコリーフ環境ラベルや業界が自主的に推進している環境表示制度が定着しつつあり，各企業レベルでは，例えば，エコリーフ環境ラベルの取得には当該製品のライフサイクルの各ステージにおけ

表 3.2.3 家電製品共通環境表示項目・指標（2000 年 10 月制定）

■省エネルギー性（地球温暖化防止）
1. 製品使用時消費電力（量）【表示指標】（定格）消費電力__(k)W 或いは消費電力量__(k)Wh
■省資源化及び再資源化（資源循環）―製品本体
2. 製品質量と主要素材構成 【表示指標】製品質量__kg 　　　　　　主要素材構成毎の質量構成比 　　　　　　●鉄及び鉄合金（含ステンレス）__%●銅及び銅合金__%●アルミニウム__% 　　　　　　●プラスチック__%●ガラス__%●その他__%
■省資源化及び再資源化（資源循環）―製品本体
3. 製品の再生プラスチック使用部品【表示指標】再生プラスチック使用部品名 　　　　　　●リサイクル（再生）材含有率__%（プラスチック質量__g）
■省資源化及び再資源化（資源循環）―製品本体
4. 取扱説明書等文書類で使用される紙類等【表示指標】紙使用量__g（再生紙使用の有無）
■省資源化及び再資源化（資源循環）―製品本体
5. 充電式電池の種類 【表示指標】ニカド電池、ニッケル水素電池、リチウムイオン電池、小型シール鉛蓄電池の 4 種類の充電式電池について、使用電池の種類と個数__個
■省資源化及び再資源化（資源循環）―包装材
6. 包装材質量と主要素材構成 【表示指標】包装材質量__kg 　　　　　　主要素材構成毎の質量構成比●プラスチック（発泡スチロール）__% 　　　　　　●プラスチック（その他）__%●紙__%●段ボール__%●木材__%●その他__%
■省資源化及び再資源化（資源循環）―包装材
7. 包装材の主要素材毎の再生材使用 【表示指標】主要素材構成毎のリサイクル（再生）材含有率 　　　　　　●プラスチック（発泡スチロール）__%●プラスチック（その他）__%●紙__% 　　　　　　●段ボール__%●その他__%
■大気・水質・土壌への排出影響
8. プリント基板の鉛半田に使用される鉛使用量【表示指標】鉛使用量__g
■大気・水質・土壌への排出影響
9. 塩ビ（ポリ塩化ビニル）使用部品【表示指標】使用部品名
■大気・水質・土壌への排出影響
10. 特定臭素系難燃材（PBBs、PBDPOs/PBDEs）使用部品【表示指標】使用部品名
■環境管理システムの構築
11. 主要生産拠点における ISO 14001 認証取得【表示指標】第三者認証取得__年__月
■その他（住環境への配慮等）
12. 運転音【表示指標】__dB

※共通項目・指標以外に、個別製品において製品固有の環境側面が考えられる場合、個別事項として表示項目・指標を追加．（共通項目・指標の中で、個別製品の基本性能において明らかに情報提供が不可能または不要な項目・指標は削除．）
出典：(社) 日本電機工業会ホームページ http://www.jema-net.or.jp/Japanese/kaden/kankyo/kan03.htm#01

表 3.2.4　表示対象製品カテゴリー（2006 年 3 月現在）

製品		機種（カテゴリー）
電気冷蔵庫	定格内容積	140 L 以下，141-300 L，301 L-350L 351-400 L，401-450 L，451-500 L
電気洗濯機	洗濯容量	6 kg，7 kg，8 kg
家庭用エアコン	冷暖房兼用型	冷房能力 2.8 kW
家庭用テレビ		ブラウン管式 25 型（スタンダード）， ブラウン管式 32 型（ワイド）
VTR		高画質以外 BS 無し

※電気冷蔵庫，電気洗濯機は日本電機工業会のホームページで情報提供中．家庭用エアコンは日本電機工業会及び日本冷凍空調工業会のホームページで情報提供中．家庭用テレビ，VTR は電子情報技術産業協会のホームページで情報提供中．

るインプット，アウトプットのインベントリデータの整備を行う必要があり，社内でのデータ収集・管理体制の構築，LCA の取り組みが高度に運用されつつある．従って，EuP 指令が要求するエコロジカル・プロファイルや情報開示への対応として，日本の電機・電子業界は，既に，実効的なプログラムと経験を有している．製品カテゴリー毎のアセスメントと組み合わせることで，環境配慮設計の統合的な運用が可能となりつつあり，今後の課題は，国内のみならず，グローバル・サプライチェーン間での情報提供の制度，仕組み作りにある．これについては，IEC/TC 111/WG 1 で検討が開始された含有化学物質の情報開示手順（Material Declaration）の国際規格化の他，例えば，製品環境情報（Product Eco Profile）の国際規格化といった動きが期待されるところで，そこには日本の電機・電子業界の経験を発信していくことが可能である．

2.1.5　製品 3 R システムの高度化−グリーン・プロダクト・チェーンの実現

前述の通り，我が国の家電製品の分野では，家電リサイクル法の制定以降，実際に年間 1000 万台を超える使用済み家電製品が回収・リサイクルされ，使用済み製品由来の再生資源を再び同じ製品群に使用するといった資源の有効利用が進展しつつある．その結果，リサイクルプラントからの情報が設計・製造

段階へ的確にフィードバックがなされ，企業における製品開発という上流段階において，世界的に見ても最先端の環境配慮設計・製造への取り組みが進展している．しかしながら，これらの動きが社会全体としてのシステムとして機能を発揮するためには，企業のみならず，消費者や行政といった関係者間の取り組みを一層強化していくことが求められる．

こうした状況を踏まえ，2005年1月，経済産業省産業構造審議会環境部会廃棄物・リサイクル小委員会の傘下に「製品3Rシステム高度化WG」が設置され，同年8月に，「グリーン・プロダクト・チェーンの実現に向けて」との副題が付いた報告書の取りまとめがなされた．WGは，行政，有識者，消費者代表に加え，電機・電子メーカーの代表も参画し，製品3R分野の高度化に向けて下記の具体化が提言されている．

① ライフサイクル・シンキング型社会システムへの変革
② 量から質へ，新たな価値創造に向けた環境配慮情報の活用
③ グリーン・プロダクト・チェーンの実現
④ 国際的な整合性の確保

グリーン・プロダクト・チェーンとは，製造事業者における「グリーン・マニュファクチャリング」を促進し，それを消費者（グリーンコンシューマー）や市場（グリーンマーケット）が評価する形で経済システムに環境配慮対応を組み込むこと，すなわち「グリーン・プロダクト・チェーン」を具現化することが重要であるとされている．

この中で，家電メーカーは，再生資源・部品の使用，再資源化可能な原材料の使用促進（自己循環を意識した製品由来再生資源の高付加価値化），プラスチック部品の分別容易化のための材質表示（難燃剤フリーや再生材含有率），手解体・分別容易化のためのリサイクルマーク表示などの自主的な努力について，今後，任意制度であるJIS化により指標や定義，表示方法などを共通化することを提言し，（財）家電製品協会や（社）日本電機工業会を中心に，JIS原案作成の作業が開始されている．

EuP指令では，前述の情報開示ツールの充実で述べたように，製品カテゴ

リー毎の実施措置を規定する Annex-I 一般的環境設計要求事項の中で，廃製品のリサイクルに係る解体・分解やその処理・処分に関するリサイクラー向けの情報開示も要求されている．日本の家電メーカーは，家電リサイクルというクローズドループの取り組みの実践を経験則として，リサイクルプロセスの効率化，情報共有の高度化を意図し，EuP 指令に先駆けてその要求を具現化しつつあり，その試みは高く評価されるべきであろう．

　また，報告書では，法的枠組みによる措置をサプライチェーン全体にわたって講ずることは不要であるが，環境情報が可視化されて流通し，その効率性や信頼性が向上するよう，含有化学物質情報等を提供すべき対象物質については必要事項の明確化を図ると共に，提供方法等の技術的な開示手順については，知的財産保護や国際的な整合性の確保や規格の活用を含め，共通化を促進すべきであると指摘している．こうした中で，2005 年 5 月 26 日，EIA（米国電子連合会），JGPSSI（グリーン調達調査共通化協議会/日本），JEDEC（合同電子デバイス委員会）は製品材料の化学物質等含有量の報告に関する初の国際標準を発行したことを共同発表した．共通ガイドラインの正式名称は「The Joint Industry guide for Material Composition Declaration for Electronic Products (Joint Industry Guide or JIG)」とされ，材料の含有量データ開示のための標準化された報告方法を，サプライチェーン全体に促進し，統一を図るものである．
このガイドラインに含まれる内容は次の通りである．

・情報開示の対象となる材料と物質のリスト；24 物質群
・特定の材料と物質の，開示すべき含有量または「閾値レベル」
・該当する場合は，閾値レベルを定める法規制の規制内容
・情報交換に必要なデータフィールド群

　JGPSSI は 2001 年 1 月に有志企業により発足して以来，グリーン調達調査の共通化のためのガイドラインを制定しその運用を進めてきた．環境情報のグローバル・サプライチェーン対応の第一歩として，国際整合を具現化した好例である．

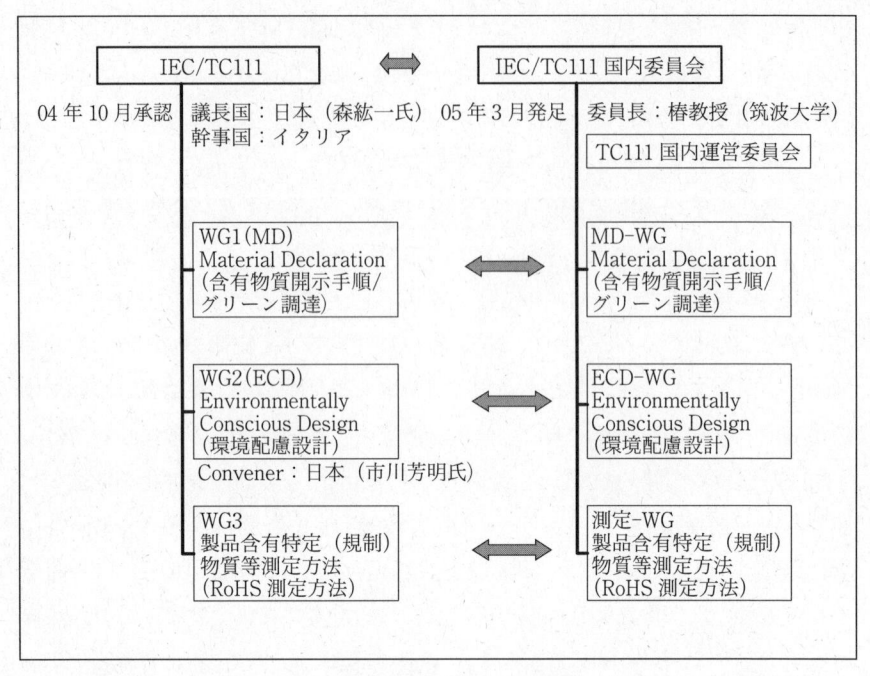

```
┌─────────────────────────────────────────────────────────────────┐
│  IEC/TC111          ⇔         IEC/TC111 国内委員会                │
│                                                                   │
│ 04年10月承認 │ 議長国：日本（森紘一氏）05年3月発足│ 委員長：椿教授（筑波大学）│
│              │ 幹事国：イタリア                   │                      │
│                                                  │ TC111国内運営委員会  │
│                                                                   │
│   ┌──────────────────┐              ┌──────────────────┐        │
│   │ WG1(MD)          │              │ MD-WG            │        │
│   │ Material         │      ⇔       │ Material         │        │
│   │ Declaration      │              │ Declaration      │        │
│   │ (含有物質開示手順/│              │ (含有物質開示手順/│        │
│   │  グリーン調達)   │              │  グリーン調達)   │        │
│   └──────────────────┘              └──────────────────┘        │
│                                                                   │
│   ┌──────────────────┐              ┌──────────────────┐        │
│   │ WG2(ECD)         │              │ ECD-WG           │        │
│   │ Environmentally  │      ⇔       │ Environmentally  │        │
│   │ Conscious Design │              │ Conscious Design │        │
│   │ (環境配慮設計)   │              │ (環境配慮設計)   │        │
│   └──────────────────┘              └──────────────────┘        │
│   Convener：日本（市川芳明氏）                                     │
│                                                                   │
│   ┌──────────────────┐              ┌──────────────────┐        │
│   │ WG3              │              │ 測定-WG          │        │
│   │ 製品含有特定（規制）│      ⇔     │ 製品含有特定（規制）│      │
│   │ 物質等測定方法   │              │ 物質等測定方法   │        │
│   │ (RoHS測定方法)   │              │ (RoHS測定方法)   │        │
│   └──────────────────┘              └──────────────────┘        │
└─────────────────────────────────────────────────────────────────┘
```

図3.2.6 IEC TC111 対応国内審議委員会の組織図（2006年3月現在）

　国際的な整合性の確保や規格の活用については，法規制のグローバリゼーションの流れから，環境配慮設計に関わる国際的な標準化の必要性が認識され，電気・電子機器に関する国際規格を審議するIEC（国際電気標準会議）では，先ず，2005年5月に環境配慮設計ガイドライン（IECガイド114）を発行している．同時に，2004年10月に新しい技術委員会TC111（環境）が発足した．TC111は，幹事国がイタリア，国際議長を日本が務め，その傘下に3つのワーキンググループ（WG1：MD－含有化学物質情報の開示手順，WG2：環境配慮設計，WG3：特定規制物質試験方法）を設置して活動を開始している（図3.2.6）．

　環境配慮設計については，ISO（国際標準化機構）が2002年に，いわゆるガイドラインとしてのTR 14062 (Environmental management-Integrating environmental aspects into product design and development. JIS TR Q0007

「環境適合設計」）を発効．その序文で，「すべての製品，すなわち，すべてのもの及びサービスは，環境に何らかの影響を及ぼし，その影響は，製品のライフサイクルの一つのまたはすべての段階（原材料の調達，製造，流通，使用及び廃棄）で発生しうる．これらの影響は，軽微なものから重大なものまで，更に短期から長期のものまで，また，地方，地域または地球規模で生じる場合までがある（または，それらの複合でもありうる）．」として，「製品設計・開発への環境側面の統合」について記述している．また，TR 14062 を受けて，電気・電子機器に関しては，IEC が同様にガイドラインとしてガイド 114（Environmentally conscious design-Integrating environmental aspects into design and development of electrotechnical products）を 2005 年 5 月に発行した．両者共に，製品の特徴としてライフサイクル全体での環境側面の予想と特定の重要性，および環境影響が 2 つのベクトル（時間と空間）に拡がりを持つことを示唆している．

　しかしながら，EuP 指令を始めとして法規制のグローバリゼーションの流れから，ISO TR 14062，IEC ガイド 114 といった，いわゆるガイドラインレベルから，環境配慮設計の諸要素を明確な要求事項として規定し，且つ，国際整合を図る"International Standard"のニーズがクローズアップされてきている．市場に提供される製品の環境負荷低減は，その設計段階で所与のパフォーマンスが決定されることから，環境配慮設計の国際標準化の意義は大きい．そうした中で，IEC/TC 111/WG 2 では，環境配慮設計規格作成に関する日本提案の NWIP（新規作業項目提案）が 2005 年 5 月 13 日に承認され，現在，その作業が進められている．

2.2　今から始める企業としての対策

　多くの企業の方は，RoHS 指令の時に，体制の準備，業務の見直し，IT システムの構築，手順書（場合によっては社規）の作成，サプライヤーへの説明とお願い，関係者の教育，品質保証の確保などの手順を既に経験されているこ

とと思う．3年くらい掛かったのではないだろうか．既に述べたように，今回のEuPはさらにやっかいである．今から準備を始めておくに越したことはない．

2.2.1 体制の構築

既に多くの企業では，環境に関する全社的な取り組み方針を審議する場である環境委員会があり，その中で，何らかの形で現場環境（現場の公害防止）と製品環境（製品の環境適合性）に分けて活動が行われているはずである．EuP指令は，このうちの後者の製品環境活動の一環として位置づけるのが妥当である．図3.2.7では1つの仮想的な例を示したが，エコファクトリー部会が現場での環境配慮を，エコプロダクツ部会が製品環境を表している．エコプロダクツ部会の下位組織として環境配慮設計マネジメントWGを設けた．一方で重要なことは，この組織の決める方針はCEマーキングに深く関与することから，従来でもCEマーキングに伴う適合性評価を実施しているはずの品質保証部との関連を確保する必要もある．

また，メンバーを選出するに当たって，「環境」という名が付くと，事業部門は現場環境のバックグラウンドから委員を推薦する傾向がある．しかし，今回は現役の設計者や生産技術者，品質保証部門のメンバーの参加が不可欠であり，環境というよりも「新たなCEマーキング指令への対応」という看板で人

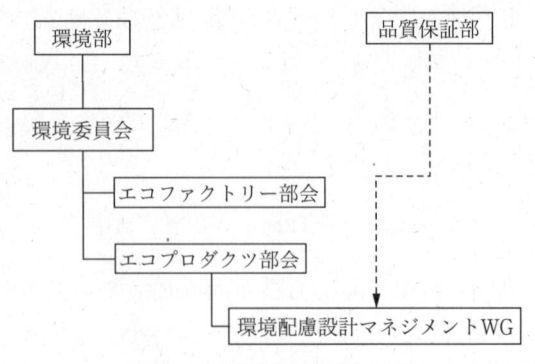

図 3.2.7　社内管理体制の一例

を集めた方が適切かも知れない．もちろん，LCAなど環境配慮設計の技術を知っている人が必要であることはいうまでもない．

2.2.2 社内現状調査

組織を構築したら，まず現在の社内の状況調査から開始する．1つはCEマーキングの対応状況である．先に述べたようにCEマーキングは21の分野で既に実施されている，したがって，社内でも幾つかの手順ができあがっているはずだからである．ただし，これらの分野はあくまで一部の事業分野なので，全社的なレベルで統括されている可能性は低い．各事業部門がローカルに実施しているのがおおかたの現状ではないだろうか．EuP指令が施行されると多くの事業部門が関与することになるので，CEマーキングがある意味で一般化する．全社の統一的な方法論が必要となる．しかし，一方では従来の分野の製品とオーバラップすることもあり得る（低電圧機器，EMCなど）．そこで事前に調査し，新たな全社的なルールが従来製品の不都合にならないように配慮しなければならない．

2.2.3 エコデザインマニュアルの策定

次にルールブックの作成である．これまでは，環境配慮設計を実施している企業であっても，そのための手順書は必ずしも必要とされていなかった．ISO 14001やISO 9000のような認証審査も受けないし，法的な要求もなかったからである．しかし，EuP指令への対応を考えると，適合性検証のための付属書ⅣまたはⅤで定められた内部管理が必要になる．規格ではないが既に発行されているISO TR 14062やIEC Guide 114をベースにするか，先に述べた環境配慮設計プロセスの国際標準規格IEC 62430をベースとして，各社の実状に合ったマニュアルを作成することをお薦めしたい．IEC 62430は2006年夏から草稿が公開されている．図3.2.8にはこのような文書の構成例を示した．

```
          ┌─────────────┐
          │  IEC62430   │──┐    ┌┄┄┄┄┄┄ 企業のエコデザインマニュアル ┄┄┄┄┄┄┐
          └─────────────┘  │    ┊         ┌──────────────┐            ┊
          ┌─────────────┐  │    ┊         │   一般原則   │            ┊
          │ ISO TR 14062│──┤    ┊         └──────────────┘            ┊
          └─────────────┘  │    ┊         ┌──────────────┐            ┊
          ┌─────────────┐  │    ┊         │ メインプロセス│           ┊
          │IEC Guide 114│──┘    ┊         └──────────────┘            ┊
          └─────────────┘       ┊    ┌──────────────────┐             ┊
                                ┊    │ CEマーキングの    │            ┊
                                ┊    │ 適合性評価手順    │            ┊
                                ┊    └──────────────────┘             ┊
                                ┊    ┌──────────────────┐             ┊
                                ┊    │ 技術文書の作成手順│            ┊
                                ┊    └──────────────────┘             ┊
                                ┊    ┌──────────────────┐             ┊
                                ┊    │ エコロジカルプロファイル│       ┊
                                ┊    │      作成手順     │           ┊
                                ┊    └──────────────────┘             ┊
                                └┄┄┄┄┄┄┄┄┄┄┄┄┄┄┄┄┄┄┄┄┄┄┄┄┄┄┄┄┄┄┄┄┄┄┄┘
```

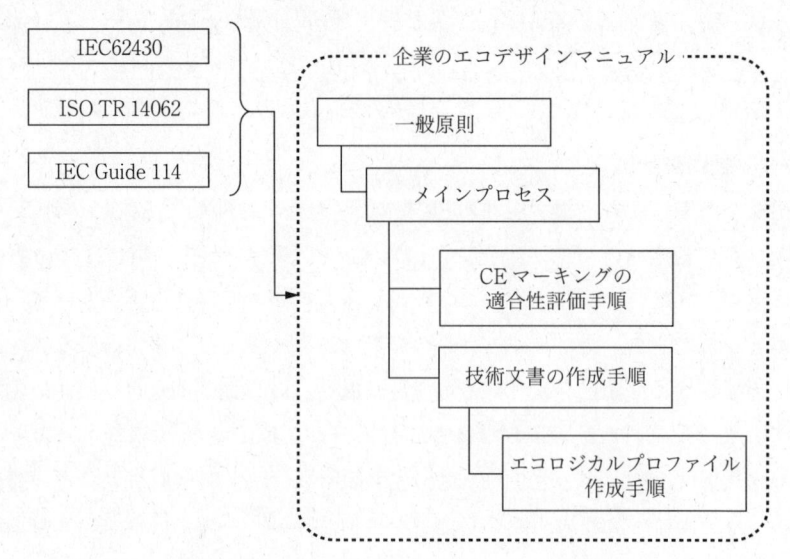

図 3.2.8　エコデザインマニュアルの構成例

2.2.4　ITインフラと設計手法の構築

　EuP指令に対応するためには，手順書を整備するだけでは十分ではなく，全設計者が適合性検証に活用可能な設計ツールを提供する必要がある．その技術的な特徴はLCA（Life Cycle Assessment）[2]という手法に近い．厳密なLCA手法の適用は必要がないとしても，エコロジカルプロファイルを作成する過程で，LCAの主要な作業であるLCI（ライフサイクルインベントリー分析）は必須になるだろう．もちろん，現在でも日本の製造業の40％以上がLCAを実施しているとされており，各社とも「LCAならばやっている」とお答えになると思うが，図3.2.9のような手順でやられているのではないだろうか？　すなわち，まずLCAができる人が限られた専門家であること，さらにその専門家が設計データから現地の原単位まで，社内を飛び回って調査分析した後に，市販のLCA計算ソフトウェアを使って評価結果を出しているといった状況ではあるまいか．

　この従来方式の大きな問題点は，全ての出荷製品を対象にできないことであ

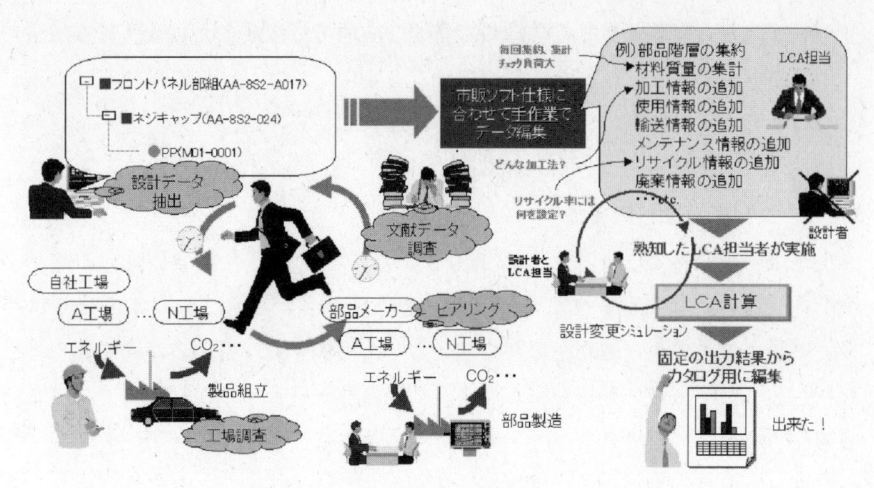

図 3.2.9 従来の LCA の進め方の典型例

る．EuP が求める要求をクリアするためには，必ずしも LCA を熟知していない一般の設計者が環境配慮設計を容易に実施できるインフラとなる IT システムが不可欠である．全設計者が製造現場を走り回って情報を収集することはとてもできない．したがって，現場や取引先を含め，必要な情報を各部署（よく

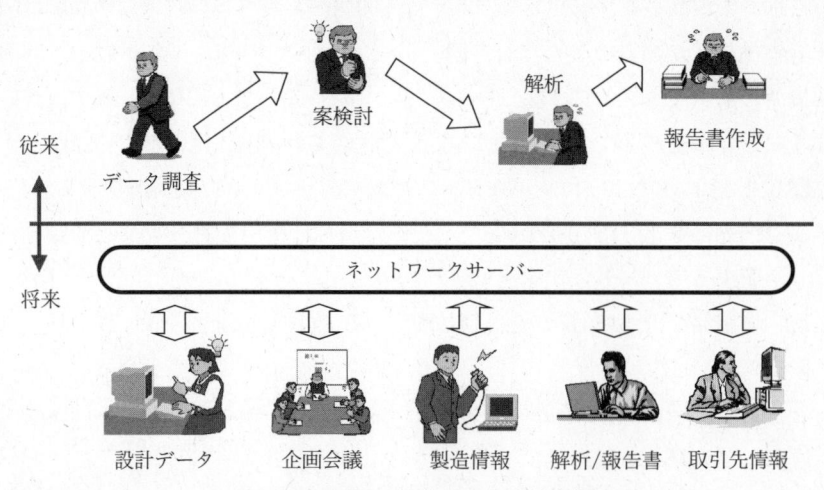

図 3.2.10 EuP 対応のための将来像

分かっている人）が分担して登録し，必要な場面で活用するという全員参加型の仕組みを構築しなければならない（図3.2.10）．このような実際のシステムとしてはトヨタ自動車の事例[3]などが良い見本になる．

2.2.5 ロビー活動への参加

企業がいまから着手しておくべきもう一つの活動は，ロビー活動である．RoHS指令の時は発行されるまで有効なアクションがとれず，日本の企業は後手に回った．後から適用を除外してもらうために多大な費用と時間を費やした．さらにEU当局の理解が得られず，結局除外が叶わずに工程変更を余儀なくされ，かえって環境負荷を大きくしたものさえある．

一方，EuP指令はこれから順次実施措置ができあがってくる段階にあり，先手での関与の道が残されている．日本の製品は一般的に現在の欧州製品よりも環境配慮が行き届いているといってよい．特に省エネ性能は優れている．日本のトップランナー方式はEuPの特定要求の先を行っているものである．このような状況の中で，例えば10%改善しろといわれると日本製品はつらい．逆にある環境性能の制限値での競争ならば，日本製品が優位に立てる場合もある．加えて製品のグルーピングという重大問題がある．待機時電力の制限に関する実施措置が出るとした場合，同じパーソナルコンピュータでも，24時間稼働型のサーバータイプは除外してもらい，同じTVでもCRTと薄型は別にするなど，企業ごとに今から主張しておくべきことがあるはずだ．

図3.2.11に示すように，現在日本の企業が関与できる道は3通りある．

① 国際標準化（IEC）のエキスパートないしは国内委員会を通して意見を主張する道
② 各製品分野（Lot）ごとに行われているPreparatory Studyに参加する道
③ JBCE（Japan Business Council in Europe）などの在欧業界団体に所属して意見を主張すること

である．

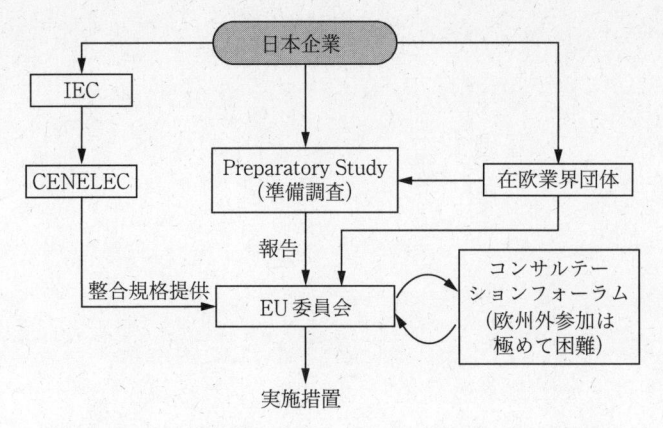

図 3.2.11　日本企業が先手で関与するための3つの道筋

参考文献

[1] 市川芳明編著「環境適合設計の実際」オーム社（2001年11月）
[2] ISO 14040「Environmental management—Life cycle assessment—Principles and framework」(1997年)
[3] トヨタ自動車「Environmental & Social Report 2005」p. 29（2005年7月）
[4] (財)家電製品協会「家電製品製品　アセスメントマニュアル—第4版—」（2006年5月）
[5] 産業構造審議会環境部会廃棄物・リサイクル小季員会製品3Rシステム高度化WG「グリーン・プロダクト・チェーンの実現に向けて」(2005年8月)

付属資料

Ⅰ. Eup 原文（英語版）
Ⅱ. 日本語訳

DIRECTIVE 2005/32/EC OF THE EUROPEAN PARLIAMENT AND OF THE COUNCIL of 6 July 2005

establishing a framework for the setting of ecodesign requirements for energy-using products and amending Council Directive 92/42/EEC and Directives 96/57/EC and 2000/55/EC of the European Parliament and of the Council

THE EUROPEAN PARLIAMENT AND THE COUNCIL OF THE EUROPEAN UNION,

Having regard to the Treaty establishing the European Community, and in particular Article 95 thereof,

Having regard to the proposal from the Commission,

Having regard to the opinion of the European Economic and Social Committee[1],

Acting in accordance with the procedure laid down in Article 251 of the Treaty[2],

Whereas:

(1) The disparities between the laws or administrative measures adopted by the Member States in relation to the ecodesign of energy-using products can create barriers to trade and distort competition in the Community and may thus have a direct impact on the establishment and functioning of the internal market. The harmonisation of national laws is the only means to prevent such barriers to trade and unfair competition.

(2) Energy-using products (EuPs) account for a large proportion of the consumption of natural resources and energy in the Community. They also have a number of other important environmental impacts. For the vast majority of product categories available on the Community market, very different degrees of environmental impact can be noted though they provide similar functional performances. In the interest of sustainable development, continuous improvement in the overall environmental impact of those products should be encouraged, notably by identifying the major sources of negative environmental impacts and avoiding transfer of pollution, when this improve-

---

[1] OJC 112, 30. 4. 2004, p. 25.
[2] Opinion of the European Parliament of 20 April 2004 (OJC 104 E, 30. 4. 2004, p. 319), Council Common Position of 29 November 2004 (OJC 38 E, 15. 2. 2005, p. 45), Position of the European Parliament of 13 April 2005, and Council Decision of 23 May 2005.

ment does not entail excessive costs.

(3) The ecodesign of products is a crucial factor in the Community strategy on Integrated Product Policy. As a preventive approach, designed to optimise the environmental performance of products, while maintaining their functional qualities, it provides genuine new opportunities for manufacturers, for consumers and for society as a whole.

(4) Energy efficiency improvement—with one of the available options being more efficient end use of electricity—is regarded as contributing substantially to the achievement of greenhouse gas emission targets in the Community. Electricity demand is the fastest growing energy end use category and is projected to grow within the next 20 to 30 years, in the absence of any policy action to counteract this trend. A significant reduction in energy consumption as suggested by the Commission in its European Climate Change Programme (ECCP) is possible. Climate change is one of the priorities of the Sixth Community Environment Action Programme, laid down by Decision No 1600/2002/EC of the European Parliament and of the Council[1]. Energy saving is the most cost-effective way to increase security of supply and reduce import dependency. Therefore, substantial demand side measures and targets should be adopted.

(5) Action should be taken during the design phase of EuPs, since it appears that the pollution caused during a product's life cycle is determined at that stage, and most of the costs involved are committed then.

(6) A coherent framework for the application of Community ecodesign requirements for EuPs should be established with the aim of ensuring the free movement of those products which comply and of improving their overall environmental impact. Such Community requirements should respect the principles of fair competition and international trade.

(7) Ecodesign requirements should be set bearing in mind the goals and priorities of the Sixth Community Environment Action Programme, including as appropriate applicable goals of the relevant thematic

---

[1] OJ L 242, 10. 9. 2002, p. 1.

strategies of that Programme.

(8) This Directive seeks to achieve a high level of protection for the environment by reducing the potential environmental impact of EuPs, which will ultimately be beneficial to consumers and other end-users. Sustainable development also requires proper consideration of the health, social and economic impact of the measures envisaged. Improving the energy efficiency of products contributes to the security of the energy supply, which is a precondition of sound economic activity and therefore of sustainable development.

(9) A Member State deeming it necessary to maintain national provisions on grounds of major needs relating to the protection of the environment, or to introduce new ones based on new scientific evidence relating to the protection of the environment on grounds of a problem specific to that Member State arising after the adoption of the applicable implementing measure, may do so following the conditions laid down in Article 95(4), (5) and (6) of the Treaty, that provides for a prior notification to and approval from the Commission.

(10) In order to maximise the environmental benefits from improved design it may be necessary to inform consumers about the environmental characteristics and performance of EuPs and to advise them about how to use products in a manner which is environmentally friendly.

(11) The approach set out in the Green Paper on Integrated Product Policy, which is a major innovative element of the Sixth Community Environment Action Programme, aims to reduce the environmental impacts of products across the whole of their life cycle. Considering at the design stage a product's environmental impact throughout its whole life cycle has a high potential to facilitate environmental improvement in a cost-effective way. There should be sufficient flexibility to enable this factor to be integrated in product design whilst taking account of technical, functional and economic considerations.

(12) Although a comprehensive approach to environmental performance is desirable, greenhouse gas mitigation through increased energy efficiency should be considered a priority environmental goal pending

the adoption of a working plan.

(13) It may be necessary and justified to establish specific quantified ecodesign requirements for some products or environmental aspects thereof in order to ensure that their environmental impact is minimised. Given the urgent need to contribute to the achievement of the commitments in the framework of the Kyoto Protocol to the United Nations Framework Convention on Climate Change (UNFCCC), and without prejudice to the integrated approach promoted in this Directive, some priority should be given to those measures with a high potential for reducing greenhouse gas emissions at low cost. Such measures can also contribute to a sustainable use of resources and constitute a major contribution to the 10-year framework of programmes on sustainable production and consumption agreed at the World Summit on Sustainable Development in Johannesburg in September 2002.

(14) As a general principle, the energy consumption of EuPs in stand-by or off-mode should be reduced to the minimum necessary for their proper functioning.

(15) While the best-performing products or technologies available on the market, including on international markets, should be taken as reference, the level of ecodesign requirements should be established on the basis of technical, economic and environmental analysis. Flexibility in the method for establishing the level of requirements can make swift improvement of environmental performance easier. Interested parties involved should be consulted and cooperate actively in this analysis. The setting of mandatory measures requires proper consultation of the parties involved. Such consultation may highlight the need for a phased introduction or transitional measures. The introduction of interim targets increases the predictability of the policy, allows for accommodating product development cycles and facilitates long term planning for interested parties.

(16) Priority should be given to alternative courses of action such as self-regulation by the industry where such action is likely to deliver the policy objectives faster or in a less costly manner than mandatory requirements. Legislative measures may be needed where market forces fail to evolve in the right direction or at an acceptable speed.

(17) Self-regulation, including voluntary agreements offered as unilateral commitments by industry, can provide for quick progress due to rapid and cost-effective implementation, and allows for flexible and appropriate adaptation to technological options and market sensitivities.

(18) For the assessment of voluntary agreements or other self-regulation measures presented as alternatives to implementing measures, information on at least the following issues should be available: openness of participation, added value, representativeness, quantified and staged objectives, involvement of civil society, monitoring and reporting, cost-effectiveness of administering a self-regulatory initiative, sustainability.

(19) Chapter 6 of the Commission's 'Communication on Environmental Agreements at Community level within the Framework of the Action Plan on the Simplification and Improvement of the Regulatory Environment' could provide useful guidance when assessing self-regulation by industry in the context of this Directive.

(20) This Directive should also encourage the integration of ecodesign in small and medium-sized enterprises (SMEs) and very small firms. Such integration could be facilitated by wide availability of and easy access to information relating to the sustainability of their products.

(21) EuPs complying with the ecodesign requirements laid down in implementing measures to this Directive should bear the 'CE' marking and associated information, in order to enable them to be placed on the internal market and move freely. The rigorous enforcement of implementing measures is necessary to reduce the environmental impact of regulated EuPs and to ensure fair competition.

(22) When preparing implementing measures and its working plan the Commission should consult Member States' representatives as well as interested parties concerned with the product group, such as industry, including SMEs and craft industry, trade unions, traders, retailers, importers, environmental protection groups and consumer organisations.

(23) When preparing implementing measures, the Commission should also take due account of existing national environmental legislation, in particular concerning toxic substances, which Member States have

indicated that they consider should be preserved, without reducing the existing and justified levels of protection in the Member States.

(24) Regard should be given to the modules and rules intended for use in technical harmonisation Directives set out in Council Decision 93/465/EEC of 22 July 1993 concerning the modules for the various phases of the conformity assessment procedures and the rules for the affixing and use of the CE conformity marking, which are intended to be used in the technical harmonisation directives[1].

(25) Surveillance authorities should exchange information on the measures envisaged within the scope of this Directive with a view to improving surveillance of the market. Such cooperation should make the utmost use of electronic means of communication and relevant Community programmes. The exchange of information on environmental life cycle performance and on the achievements of design solutions should be facilitated. The accumulation and dissemination of the body of knowledge generated by the ecodesign efforts of manufacturers is one of the crucial benefits of this Directive.

(26) A competent body is usually a public or private body, designated by the public authorities, and presenting the necessary guarantees for impartiality and availability of technical expertise for carrying out verification of the product with regard to its compliance with the applicable implementing measures.

(27) Noting the importance of avoiding non-compliance, Member States should ensure that the necessary means are available for effective market surveillance.

(28) In respect of training and information on ecodesign for SMEs, it may be appropriate to consider accompanying activities.

(29) It is in the interest of the functioning of the internal market to have standards which have been harmonised at Community level. Once the reference to such a standard has been published in the *Official Journal of the European Union*, compliance with it should raise a presumption of conformity with the corresponding requirements set out in the implementing measure adopted on the basis of this Directive,

---

[1] OJ L 220, 30. 8. 1993, p. 23.

although other means of demonstrating such conformity should be permitted.

(30) One of the main roles of harmonised standards should be to help manufacturers in applying the implementing measures adopted under this Directive. Such standards could be essential in establishing measuring and testing methods. In the case of generic ecodesign requirements harmonised standards could contribute considerably to guiding manufacturers in establishing the ecological profile of their products in accordance with the requirements of the applicable implementing measure. These standards should clearly indicate the relationship between their clauses and the requirements dealt with. The purpose of harmonised standards should not be to fix limits for environmental aspects.

(31) For the purpose of definitions used in this Directive it is useful to refer to relevant international standards such as ISO 14040.

(32) This Directive is in accordance with certain principles for the implementation of the new approach as set out in the Council Resolution of 7 May 1985 on a new approach to technical harmonisation and standards[1] and of making reference to harmonised European standards. The Council Resolution of 28 October 1999 on the role of standardisation in Europe[2] recommended that the Commission should examine whether the New Approach principle could be extended to sectors not yet covered as a means of improving and simplifying legislation wherever possible.

(33) This Directive is complementary to existing Community instruments such as Council Directive 92/75/EEC of 22 September 1992 on the indication by labelling and standard product information of the consumption of energy and other resources by household appliances[3], Regulation (EC) No 1980/2000 of the European Parliament and of the Council of 17 July 2000 on a revised Community eco-label award scheme[4], Regulation (EC) No 2422/2001 of the European Parliament and of the Council of 6 November 2001 on a

---

[1] OJC 136, 4. 6. 1985, p. 1.
[2] OJC 141, 19. 5. 2000, p. 1.
[3] OJL 297, 13. 10. 1992, p. 16. Directive as amended byRegulation (EC) No 1882/2003 of the European Parliament and of the Council (OJL 284, 31. 10. 2003, p. 1).
[4] OJL 237, 21. 9. 2000, p. 1.

Community energy efficiency labelling programme for office equipment[1], Directive 2002/96/EC of the European Parliament and of the Council of 27 January 2003 on waste electrical and electronic equipment (WEEE)[2], Directive 2002/95/EC of the European Parliament and of the Council of 27 January 2003 on the restriction of the use of certain hazardous substances in electrical and electronic equipment[3] and Council Directive 76/769/EEC of 27 July 1976 on the approximation of the laws, regulations and administrative provisions of the Member States relating to restrictions on the marketing and use of certain dangerous substances and preparations[4]. Synergies between this Directive and the existing Community instruments should contribute to increasing their respective impacts and building coherent requirements for manufacturers to apply.

(34) Since Council Directive 92/42/EEC of 21 May 1992 on efficiency requirements for new hot-water boilers fired with liquid or gaseous fuels[5], Directive 96/57/EC of the European Parliament and of the Council of 3 September 1996 on energy efficiency requirements for household electric refrigerators, freezers and combinations thereof[6] and Directive 2000/55/EC of the European Parliament and of the Council of 18 September 2000 on energy efficiency requirements for ballasts for fluorescent lighting[7] already contain provisions for the revision of the energy efficiency requirements, they should be integrated into the present framework.

(35) Directive 92/42/EEC provides for a star rating system intended to ascertain the energy performance of boilers. Since Member States and the industry agree that the star rating system has proved not to deliver the expected result, Directive 92/42/EEC should be amended to open the way for more effective schemes.

(36) The requirements laid down in Council Directive 78/170/EEC of 13 February 1978 on the performance of heat generators for space

---

[1] OJ L 332, 15.12.2001, p. 1.
[2] OJ L 37, 13.2.2003, p. 24. Directive as amended by Directive 2003/108/EC (OJ L 345, 31.12.2003, p. 106).
[3] OJ L 37, 13.2.2003, p. 19.
[4] OJ L 262, 27.9.1976, p. 201. Directive as last amended by Commission Directive 2004/98/EC (OJ L 305, 1.10.2004, p. 63).
[5] OJ L 167, 22.6.1992, p. 17. Directive as last amended by Directive 2004/8/EC of the European Parliament and of the Council (OJ L 52, 21.2.2004, p. 50).
[6] OJ L 236, 18.9.1996, p. 36.
[7] OJ L 279, 1.11.2000, p. 33.

heating and the production of hot water in new or existing non-industrial buildings and on the insulation of heat and domestic hot-water distribution in new non-industrial buildings[1] have been superseded by provisions of Directive 92/42/EEC, Council Directive 90/396/EEC of 29 June 1990 on the approximation of the laws of the Member States relating to appliances burning gaseous fuels[2] and Directive 2002/91/EC of the European Parliament and of the Council of 16 December 2002 on the energy performance of buildings[3]. Directive 78/170/EEC should therefore be repealed.

(37) Council Directive 86/594/EEC of 1 December 1986 on airborne noise emitted by household appliances[4] lays down the conditions under which publication of information on the noise emitted by such appliances may be required by Member States, and defines a procedure to determine the level of noise. For harmonisation purposes noise emissions should be included in an integrated assessment of environmental performance. Since this Directive provides for such an integrated approach, Directive 86/594/EEC should be repealed.

(38) The measures necessary for the implementation of this Directive should be adopted in accordance with Council Decision 1999/468/EC of 28 June 1999 laying down the procedures for the exercise of implementing powers conferred on the Commission[5].

(39) Member States should determine the penalties to be applied in the event of infringements of the national provisions adopted pursuant to this Directive. Those penalties should be effective, proportionate and dissuasive.

(40) It should be remembered that paragraph 34 of the Interinstitutional agreement on better law-making[6] states that the Council 'will encourage the Member States to draw up, for themselves and in the interests of the Community, their own tables which will, as far as

---

[1] OJL 52, 23. 2. 1978, p. 32. Directive as amended by Directive 82/885/EEC (OJL 378, 31. 12. 1982, p. 19).
[2] OJL 196, 26. 7. 1990, p. 15. Directive as amended by Directive 93/68/EEC (OJL 220, 30. 8. 1993, p. 1).
[3] OJL 1, 4. 1. 2003, p. 65.
[4] OJL 344, 6. 12. 1986, p. 24. Directive as amended by Regulation (EC) No 807/2003 (OJL 122, 16. 5. 2003, p. 36).
[5] OJL 184, 17. 7. 1999, p. 23.
[6] OJC 321, 31. 12. 2003, p. 1.

possible, illustrate the correlation between directives and the transposition measures and to make them public.'

(41) Since the objective of the proposed action, namely to ensure the functioning of the internal market by requiring products to reach an adequate level of environmental performance, cannot be sufficiently achieved by Member States acting alone and can therefore, by reason of its scale and effects, be better achieved at Community level, the Community may adopt measures, in accordance with the principle of subsidiarity as set out in Article 5 of the Treaty. In accordance with the principle of proportionality, as set out in that Article, this Directive does not go beyond what is necessary in order to achieve this objective.

(42) The Committee of the Regions was consulted but did not deliver an opinion,

HAVE ADOPTED THIS DIRECTIVE:

Article 1 Subject matter and scope

1. This Directive establishes a framework for the setting of Community ecodesign requirements for energy-using products with the aim of ensuring the free movement of those products within the internal market.

2. This Directive provides for the setting of requirements which the energy-using products covered by implementing measures must fulfil in order for them to be placed on the market and/or put into service. It contributes to sustainable development by increasing energy efficiency and the level of protection of the environment, while at the same time increasing the security of the energy supply.

3. This Directive shall not apply to means of transport for persons or goods.

4. This Directive and the implementing measures adopted pursuant to it shall be without prejudice to Community waste management legislation and Community chemicals legislation, including Community legislation on fluorinated greenhouse gases.

Article 2 **Definitions**

For the purposes of this Directive the following definitions shall apply:

1. 'Energy-using product' or 'EuP' means a product which, once placed on the market and/or put into service, is dependent on energy input (electricity, fossil fuels and renewable energy sources) to work as intended, or a product for the generation, transfer and measurement of such energy, including parts dependent on energy input and intended to be incorporated into an EuP covered by this Directive which are placed on the market and/or put into service as individual parts for end-users and of which the environmental performance can be assessed independently;

2. 'Components and sub-assemblies' means parts intendedto be incorporated into EuPs, and which are not placed on the market and/or put into service as individual parts for end-users or the environmental performance of which cannot be assessed independently;

3. 'Implementing measures' means measures adoptedpursuant to this Directive laying down ecodesign requirements for defined EuPs or for environmental aspects thereof;

4. 'Placing on the market' means making an EuP availablefor the first time on the Community market with a view to its distribution or use within the Community whether for reward or free of charge and irrespective of the selling technique;

5. 'Putting into service' means the first use of an EuP for itsintended purpose by an end-user in the Community;

6. 'Manufacturer' means the natural or legal person whomanufactures EuPs covered by this Directive and is responsible for their conformity with this Directive in view of their being placed on the market and/or put into service under the manufacturer's own name or trademark or for the manufacturer's own use. In the absence of a manufacturer as defined in the first sentence or of an importer as defined in point 8, any natural or legal person who places on the market and/or puts into service EuPs covered by this Directive shall be considered a manufacturer;

7. 'Authorised representative' means any natural or legal person established in the Community who has received a written mandate from the manufacturer to perform on his behalf all or part of the obligations and formalities connected with this Directive;

8. 'Importer' means any natural or legal person established in the Community who places a product from a third country on the Community market in the course of his business;

9. 'Materials' means all materials used during the life cycle of an EuP;

10. 'Product design' means the set of processes that transform legal, technical, safety, functional, market or other requirements to be met by an EuP into the technical specification for that EuP;

11. 'Environmental aspect' means an element or function of an EuP that can interact with the environment during its life cycle;

12. 'Environmental impact' means any change to the environment wholly or partially resulting from an EuP during its life cycle;

13. 'Life cycle' means the consecutive and interlinked stages of an EuP from raw material use to final disposal;

14. 'Reuse' means any operation by which an EuP or its components, having reached the end of their first use, are used for the same purpose for which they were conceived, including the continued use of an EuP which is returned to a collection point, distributor, recycler or manufacturer, as well as reuse of an EuP following refurbishment;

15. 'Recycling' means the reprocessing in a production process of waste materials for the original purpose or for other purposes but excluding energy recovery;

16. 'Energy recovery' means the use of combustible waste as a means to generate energy through direct incineration with or without other waste but with recovery of the heat;

17. 'Recovery' means any of the applicable operations provided for in Annex II B to Council Directive 75/442/EEC of 15 July 1975 on

waste[1];

18. 'Waste' means any substance or object in the categoriesset out in Annex I to Directive 75/442/EEC which the holder discards or intends or is required to discard;

19. 'Hazardous waste' means any waste which is covered by Article 1(4) of Council Directive 91/689/EEC of 12 December 1991 on hazardous waste[2];

20. 'Ecological profile' means a description, in accordancewith the implementing measure applicable to the EuP, of the inputs and outputs (such as materials, emissions and waste) associated with an EuP throughout its life cycle which are significant from the point of view of its environmental impact and are expressed in physical quantities that can be measured;

21. 'Environmental performance' of an EuP means the resultsof the manufacturer's management of the environmental aspects of the EuP, as reflected in its technical documentation file;

22. 'Improvement of the environmental performance' meansthe process of enhancing the environmental performance of an EuP over successive generations, although not necessarily in respect of all environmental aspects of the product simultaneously;

23. 'Ecodesign' means the integration of environmentalaspects into product design with the aim of improving the environmental performance of the EuP throughout its whole life cycle;

24. 'Ecodesign requirement' means any requirement inrelation to an EuP, or the design of an EuP, intended to improve its environmental performance, or any require ment for the supply of information with regard to the environmental aspects of an EuP;

25. 'Generic ecodesign requirement' means any ecodesign requirement based on the ecological profile as a whole of an EuP without set limit values for particular environ mental aspects;

---

[1] OJL 194, 25.7.1975, p. 39. Directive as last amended by Regulation (EC) No 1882/2003.
[2] OJL 377, 31.12.1991, p. 20. Directive as amended by Directive 94/31/EC (OJL 168, 2.7.1994, p. 28).

26. 'Specific ecodesign requirement' means a quantified and measurable ecodesign requirement relating to a particular environmental aspect of an EuP, such as energy consumption during use, calculated for a given unit of output performance;

27. 'Harmonised standard' means a technical specification adopted by a recognised standards body under a mandate from the Commission, in accordance with the procedure laid down in Directive 98/34/EC of the European Parliament and of the Council of 22 June 1998 laying down a procedure for the provision of information in the field of technical standards and regulations[1], for the purpose of establishing a European requirement, compliance with which is not compulsory.

Article 3 **Placing on the market and/or putting into service**

1. Member States shall take all appropriate measures to ensure that EuPs covered by implementing measures may be placed on the market and/or put into service only if they comply with those measures and bear the CE marking in accordance with Article 5.

2. Member States shall designate the authorities responsible for market surveillance. They shall arrange for such authorities to have and use the necessary powers to take the appropriate measures incumbent upon them under this Directive. Member States shall define the tasks, powers and organisational arrangements of the competent authorities which shall be entitled:

(i) to organise appropriate checks on EuP compliance, on an adequate scale, and to oblige the manufacturer or its authorised representative to recall non-compliant EuPs from the market in accordance with Article 7;

(ii) to require the provision of all necessary information by the parties concerned, as specified in implementing measures;

(iii) to take samples of products and subject them to compliance checks.

3. Member States shall keep the Commission informed about the results

---

[1] OJL 204, 21. 7. 1998, p. 37. Directive as last amended by the 2003 Act of Accession.

of the market surveillance, and where appropriate the Commission shall pass on such information to the other Member States.

4. Member States shall ensure that consumers and other interested parties are given an opportunity to submit observations on product compliance to the competent authorities.

Article 4 Responsibilities of the importer

Where the manufacturer is not established within the Community and in the absence of an authorised representative, the obligation:

— to ensure that the EuP placed on the market or put into service complies with this Directive and the applicable implementing measure,

— to keep the declaration of conformity and the technical documentation available,

shall lie with the importer.

Article 5 Marking and declaration of conformity

1. Before an EuP covered by implementing measures is placed on the market and/or put into service, a CE conformity marking shall be affixed and a declaration of conformity issued whereby the manufacturer or its authorised representative ensures and declares that the EuP complies with all relevant provisions of the applicable implementing measure.

2. The CE conformity marking consists of the initials 'CE' as shown in Annex III.

3. The declaration of conformity shall contain the elements specified in Annex VI and shall refer to the appropriate implementing measure.

4. The affixing of markings on an EuP which are likely to mislead users as to the meaning or form of the CE marking shall be prohibited.

5. Member States may require the information to be supplied pursuant to Annex I, Part 2 to be in their official language(s) when the EuP reaches the

end-user.

Member States shall also authorise the provision of this information in one or more other official Community language(s).

When applying the first subparagraph, Member States shall take into account in particular:

(a) whether the information can be supplied by harmonised symbols or recognised codes or other measures;

(b) the type of user anticipated for the EuP and the nature of the information which is to be provided.

Article 6 **Free movement**

1. Member States shall not prohibit, restrict or impede the placing on the market and/or putting into service, within their territories, on grounds of ecodesign requirements relating to those ecodesign parameters referred to in Annex I, Part 1 which are covered by the applicable implementing measure, of an EuP that complies with all the relevant provisions of the applicable implementing measure and bears the CE marking in accordance with Article 5.

2. Member States shall not prohibit, restrict or impede the placing on the market and/or putting into service, within their territories, of an EuP bearing the CE marking in accordance with Article 5 on grounds of ecodesign requirements relating to those ecodesign parameters referred to in Annex I, Part 1 for which the applicable implementing measure provides that no ecodesign requirement is necessary.

3. Member States shall not prevent the display, for example at trade fairs, exhibitions and demonstrations, of EuPs which are not in conformity with the provisions of the applicable implementing measure, provided that there is a visible indication that they may not be placed on the market and/or put into service until brought into conformity.

Article 7 Safeguard clause

1. Where a Member State ascertains that an EuP bearing the CE marking referred to in Article 5 and used in accordance with its intended use does not comply with all the relevant provisions of the applicable implementing measure, the manufacturer or its authorised representative shall be obliged to make the EuP comply with the provisions of the applicable implementing measure and/or with the CE marking and to end the infringement under conditions imposed by the Member State.

Where there is sufficient evidence that an EuP might be non compliant, the Member State shall take the necessary measures which, depending on the gravity of the non-compliance, can go as far as the prohibition of the placing on the market of the EuP until compliance is established.

Where non-compliance continues, the Member State shall take a decision restricting or prohibiting the placing on the market and/or putting into service of the EuP in question or ensure that it is withdrawn from the market.

In cases of prohibition or withdrawal from the market, the Commission and the other Member States shall be immedi ately informed.

2. Any decision by a Member State pursuant to this Directive which restricts or prohibits the placing on the market and/or the putting into service of an EuP shall state the grounds on which it is based.

Such decision shall be notified forthwith to the party concerned, who shall at the same time be informed of the legal remedies available under the laws in force in the Member State concerned and of the time limits to which such remedies are subject.

3. The Member State shall immediately inform the Commission and the other Member States of any decision taken pursuant to paragraph 1, indicating the reasons therefore, and, in particular, whether non-compliance is due to:

(a) failure to satisfy the requirements of the applicable implementing measure;

(b) incorrect application of harmonised standards as referred to in Article 10(2);

(c) shortcomings in harmonised standards as referred to in Article 10(2).

4. The Commission shall enter into consultation with the parties concerned without delay and may draw upon technical advice from independent external experts.

Following that consultation, the Commission shall immediately inform the Member State which took the decision and the other Member States of its views.

Where the Commission considers that the decision is unjustified, it shall immediately inform the Member States to that effect.

5. Where the decision referred to in paragraph 1 is based on a shortcoming in a harmonised standard, the Commission shall immediately initiate the procedure set out in Article 10(2), (3) and (4). The Commission shall at the same time inform the Committee referred to in Article 19(1).

6. The Member States and the Commission shall take the necessary measures to guarantee confidentiality with regard to information provided during that procedure, where justified.

7. The decisions taken by Member States pursuant to this Article shall be made public, in a transparent way.

8. The Commission's opinion on those decisions shall be published in the *Official Journal of the European Union*.

Article 8 Conformity assessment

1. Before placing an EuP covered by implementing measures on the market and/or putting such an EuP into service, the manufacturer or its authorised representative shall ensure that an assessment of the EuP's conformity with all the relevant requirements of the applicable implementing measure is carried out.

2. The conformity assessment procedures shall be specified by the im-

plementing measures and shall leave to manufacturers the choice between the internal design control set out in Annex IV and the management system set out in Annex V. When duly justified and proportionate to the risk, the conformity assessment procedure shall be specified among relevant modules as described in Decision 93/465/EEC.

If a Member State has strong indications of probable non-compliance of an EuP, that Member State shall as soon as possible publish a substantiated assessment of the EuP's compliance which may be conducted by a competent body in order to allow timely corrective action, if any.

If an EuP covered by implementing measures is designed by an organisation registered in accordance with Regulation (EC) No 761/2001 of the European Parliament and of the Council of 19 March 2001 allowing voluntary participation by organisations in a Community eco-management and audit scheme (EMAS)[1] and the design function is included within the scope of that registration, the management system of that organisation shall be presumed to comply with the requirements of Annex V to this Directive.

If an EuP covered by implementing measures is designed by an organisation having a management system which includes the product design function and which is implemented in accordance with harmonised standards the reference numbers of which have been published in the *Official Journal of the European Union*, that management system shall be presumed to comply with the corresponding requirements of Annex V.

3. After placing an EuP covered by implementing measures on the market or putting it into service, the manufacturer or its authorised representative shall keep relevant documents relating to the conformity assessment performed and declarations of conformity issued available for inspection by Member States for a period of 10 years after the last of that EuP has been manufactured.
The relevant documents shall be made available within 10 days upon receipt of a request by the competent authority of a Member State.

4. Documents relating to the conformity assessment and declaration of conformity referred to in Article 5 shall be drawn up in one of the official languages of the Community.

---

[1] OJL 114, 24. 4. 2001, p. 1.

Article 9 Presumption of conformity

1. Member States shall regard an EuP bearing the CE marking referred to in Article 5 as conforming to the relevant provisions of the applicable implementing measure.

2. Member States shall regard an EuP for which harmonised standards have been applied, the reference numbers of which have been published in the *Official Journal of the European Union*, as conforming to all the relevant requirements of the applicable implementing measure to which such standards relate.

3. EuPs which have been awarded the Community eco-label pursuant to Regulation (EC) No 1980/2000 shall be presumed to comply with the ecodesign requirements of the applicable implementing measure insofar as those requirements are met by the eco-label.

4. For the purposes of the presumption of conformity in the context of this Directive, the Commission, acting in accordance with the procedure referred to in Article 19(2), may decide that other eco-labels fulfil equivalent conditions to the Community eco-label pursuant to Regulation (EC) No 1980/2000. EuPs which have been awarded such other eco-labels shall be presumed to comply with the ecodesign requirements of the applicable implementing measure, insofar as those requirements are met by that eco-label.

Article 10 Harmonised standards

1. Member States shall, to the extent possible, ensure that appropriate measures are taken to enable interested parties to be consulted at national level on the process of preparing and monitoring harmonised standards.

2. Where a Member State or the Commission considers that harmonised standards the application of which is presumed to satisfy specific provisions of an applicable implementing measure do not entirely satisfy those provisions, the Member State concerned or the Commission shall inform the Standing Committee set up under Article 5 of Directive 98/34/EC to that effect, giving the reasons. The Committee shall issue an opinion as a matter of urgency.

3. In the light of that Committee's opinion, the Commission shall decide to publish, not to publish, to publish with restriction, to maintain or to withdraw the references to the harmonised standards concerned in the *Official Journal of the European Union*.

4. The Commission shall inform the European standardisation body concerned and, if necessary, issue a new mandate with a view to revision of the harmonised standards concerned.

Article 11 Requirements for components and sub-assemblies

Implementing measures may require manufacturers or their authorised representatives placing components and subassemblies on the market and/or putting them into service to provide the manufacturer of an EuP covered by implementing measures with relevant information on the material composition and the consumption of energy, materials and/or resources of the components or sub assemblies.

Article 12 Administrative cooperation and exchange of information

1. Member States shall ensure that appropriate measures are taken in order to encourage the authorities responsible for implementing this Directive to cooperate with each other and provide each other and the Commission with information in order to assist the operation of this Directive and in particular, assist in the implementation of Article 7.

The administrative cooperation and exchange of information shall take utmost advantage of electronic means of communication and may be supported by relevant Community programmes.

Member States shall inform the Commission of the authorities responsible for applying this Directive.

2. The precise nature and structure of the exchange of information between the Commission and Member States shall be decided in accordance with the procedure referred to in Article 19(2).

3. The Commission shall take appropriate measures in order to encourage and contribute to the cooperation between Member States referred to in this

Article.

Article 13 Small and medium-sized enterprises

1. In the context of programmes from which SMEs and very small firms can benefit, the Commission shall take into account initiatives which help SMEs and very small firms to integrate environmental aspects including energy efficiency when designing their products.

2. Member States shall ensure, in particular by strengthening support networks and structures, that they encourage SMEs and very small firms to adopt an environmentally sound approach as early as at the product design stage and to adapt to future European legislation.

Article 14 Consumer information

In accordance with the applicable implementing measure, manufacturers shall ensure, in the form they deem appropriate, that consumers of EuPs are provided with:

— the requisite information on the role that they can play in the sustainable use of the product;

— when required by the implementing measures, the ecological profile of the product and the benefits of ecodesign.

Article 15 Implementing measures

1. When an EuP meets the criteria listed under paragraph 2, it shall be covered by an implementing measure or by a self-regulation measure in accordance with paragraph 3(b). When the Commission adopts implementing measures, it shall act in accordance with the procedure referred to in Article 19(2).

2. The criteria referred to in paragraph 1 are as follows:

(a) the EuP shall represent a significant volume of sales and trade, indicatively more than 200 000 units a year within the Community according to most recently available figures;

(b) the EuP shall, considering the quantities placed on the market and/or put into service, have a significant environmental impact within the Community, as specified in Community strategic priorities as set out in Decision No 1600/2002/EC;

(c) the EuP shall present significant potential for improvement in terms of its environmental impact without entailing excessive costs, taking into account in parti cular:

— the absence of other relevant Community legislation or failure of market forces to address the issue properly;

— a wide disparity in the environmental performance of EuPs available on the market with equivalent functionality.

3. In preparing a draft implementing measure the Commission shall take into account any views expressed by the Committee referred to in Article 19(1) and shall further take into account:

(a) Community environmental priorities, such as those set out in Decision No 1600/2002/EC or in the Commission's European Climate Change Programme (ECCP);

(b) relevant Community legislation and self-regulation, such as voluntary agreements, which, following an assessment in accordance with Article 17, are expected to achieve the policy objectives more quickly or at lesser expense than mandatory requirements.

4. In preparing a draft implementing measure the Commission shall:

(a) consider the life cycle of the EuP and all its significant environmental aspects, *inter alia*, energy efficiency. The depth of analysis of the environmental aspects and of the feasibility of their improvement shall be proportionate to their significance. The adoption of ecodesign requirements on the significant environmental aspects of an EuP shall not be unduly delayed by uncertainties regarding the other aspects;

(b) carry out an assessment, which will consider the impact on environment, consumers and manufacturers, including SMEs, in terms of competitiveness including on markets outside the Community, innovation, market access and costs and benefits;

(c) take into account existing national environmental legislation that Member States consider relevant;

(d) carry out appropriate consultation with stakeholders;

(e) prepare an explanatory memorandum of the draft implementing measure based on the assessment referred to in point (b);

(f) set implementing date(s), any staged or transitional measure or periods, taking into account in particular possible impacts on SMEs or on specific product groups manufactured primarily by SMEs.

5. Implementing measures shall meet all the following criteria:

(a) there shall be no significant negative impact on the functionality of the product, from the perspective of the user;

(b) health, safety and the environment shall not be adversely affected;

(c) there shall be no significant negative impact on consumers in particular as regards the affordability and the life-cycle cost of the product;

(d) there shall be no significant negative impact on industry's competitiveness;

(e) in principle, the setting of an ecodesign requirement shall not have the consequence of imposing proprietary technology on manufacturers;

(f) no excessive administrative burden shall be imposed on manufacturers.

6. Implementing measures shall lay down ecodesign requirements in accordance with Annex I and/or Annex II.

Specific ecodesign requirements shall be introduced for selected environmental aspects which have a significant environmental impact.

Implementing measures may also provide that no ecodesign requirement is necessary for certain specified ecodesign parameters referred to in Annex I, Part 1.

7. The requirements shall be formulated so as to ensure that market surveillance authorities can verify the conformity of the EuP with the requirements of the implementing measure. The implementing measure shall specify whether verification can be achieved directly on the EuP or on the basis of the technical documentation.

8. Implementing measures shall include the elements listed in Annex VII.

9. Relevant studies and analyses used by the Commission in preparing implementing measures should be made publicly available, taking into account in particular easy access and use by interested SMEs.

10. Where appropriate, an implementing measure laying down ecodesign requirements shall be accompanied by guidelines, to be adopted by the Commission in accordance with Article 19(2), on the balancing of the various environmental aspects; these guidelines will cover specificities of the SMEs active in the product sector affected by the implementing measure. If necessary and in accordance with Article 13(1), further specialised material may be produced by the Commission for facilitating implementation by SMEs.

Article 16 Working plan

1. In accordance with the criteria set out in Article 15 and having consulted the Consultation Forum referred to in Article 18, the Commission shall not later than 6 July 2007 establish a working plan which shall be made publicly available.

The working plan shall set out for the following three years an indicative list of product groups which will be considered as priorities for the adoption of implementing measures.

The working plan shall be amended periodically by the Commission after consultation with the Consultation Forum.

2. However, during the transitional period, while the first working plan

referred to in paragraph 1 is being established, and, in accordance with the procedure laid down in Article 19(2) and the criteria set out in Article 15, and after consulting the Consultation Forum, the Commission shall as appropriate introduce by anticipation:

— implementing measures starting with those products which have been identified by the ECCP as offering a high potential for cost-effective reduction of greenhouse gas emissions, such as heating and water heating equipment, electric motor systems, lighting in both the domestic and tertiary sectors, domestic appliances, office equipment in both the domestic and tertiary sectors, consumer electronics and HVAC (heating ventilating air condition ing) systems;

— a separate implementing measure reducing stand-by losses for a group of products.

Article 17 Self-regulation

Voluntary agreements or other self-regulation measures presented as alternatives to implementing measures in the context of this Directive shall be assessed at least on the basis of Annex VIII.

Article 18 Consultation Forum

The Commission shall ensure that in the conduct of its activities it observes, in respect of each implementing measure, a balanced participation of Member States' representatives and all interested parties concerned with the product/product group in question, such as industry, including SMEs and craft industry, trade unions, traders, retailers, importers, environmental protection groups and consumer organisations. These parties shall contribute, in particular, to defining and reviewing implementing measures, to examining the effectiveness of the established market surveillance mechanisms, and to assessing voluntary agreements and other self-regulation measures. These parties shall meet in a Consultation Forum. The rules of procedure of the Forum shall be established by the Commission.

Article 19 **Committee procedure**

1. The Commission shall be assisted by a Committee.

2. Where reference is made to this paragraph, Articles 5 and 7 of Decision 1999/468/EC shall apply, having regard to the provisions of Article 8 thereof.

The period laid down in Article 5(6) of Decision 1999/468/EC shall be set at three months.

3. The Committee shall adopt its Rules of Procedure.

Article 20 **Penalties**

The Member States shall determine the penalties applicable to breaches of the national provisions adopted pursuant to this Directive. The penalties shall be effective, proportionate and dissuasive, taking into account the extent of non-compliance and the number of units of non-complying products placed on the Community market.

Article 21 **Amendments**

1. Directive 92/42/EEC is hereby amended as follows:

1) Article 6 shall be deleted;

2) the following Article shall be inserted:

'Article 10 a

This Directive constitutes an implementing measure within the meaning of Article 15 of Directive 2005/32/EC of the European Parliament and of the Council of 6 July 2005 establishing a framework for the setting of ecodesign requirements for energy-using products[*], with regard to energy efficiency during use, in accordance with that Directive, and may

---

[*] OJL 191, 22.7.2005, p. 29.'

be amended or repealed in accordance with Article 19(2) of Directive 2005/32/EC.

3) Annex I, point 2, shall be deleted;

4) Annex II shall be deleted.

2. Directive 96/57/EC is hereby amended as follows:

The following Article shall be inserted:

'Article 9 a

This Directive constitutes an implementing measure within the meaning of Article 15 of Directive 2005/32/EC of the European Parliament and of the Council of 6 July 2005 establishing a framework for the setting of ecodesign requirements for energy-using products[(*)], with regard to energy efficiency during use, in accordance with that Directive, and may be amended or repealed in accordance with Article 19(2) of Directive 2005/32/EC.

3. Directive 2000/55/EC is hereby amended as follows:

The following Article shall be inserted:

'Article 9 a

This Directive constitutes an implementing measure within the meaning of Article 15 of Directive 2005/32/EC of the European Parliament and of the Council of 6 July 2005 establishing a framework for the setting of ecodesign requirements for energy-using products[(**)], with regard to energy efficiency during use, in accordance with that Directive, and may be amended or repealed in accordance with Article 19(2) of Directive 2005/32/EC.

Article 22 **Repeals**

Directives 78/170/EEC and 86/594/EEC are repealed. Member States may continue to apply existing national measures adopted under Directive 86/594/EEC until such time as implementing measures for the products con-

---
[(*)] OJL 191, 22.7.2005, p. 29.'
[(**)] OJL 191, 22.7.2005, p. 29.'

cerned are adopted under this Directive.

Article 23 Review

Not later than 6 July 2010 the Commission shall review the effectiveness of this Directive and of its implementing measures, the threshold for implementing measures, market surveillance mechanisms and any relevant self-regulation stimulated, after consultation of the Consultation Forum referred to in Article 18, and, as appropriate, present proposals to the European Parliament and the Council for amending this Directive.

Article 24 Confidentiality

Requirements relating to the supply of information referred to in Article 11 and Annex I, Part 2, by the manufacturer and/or its authorised representative shall be proportionate and shall take into account the legitimate confidentiality of commer cially sensitive information.

Article 25 Implementation

1. Member States shall bring into force the laws, regulations and administrative provisions necessary to comply with this Directive before 11 August 2007.

They shall forthwith inform the Commission thereof.

When Member States adopt these measures, they shall contain a reference to this Directive or shall be accompanied by such reference on the occasion of their official publication. The methods of making such reference shall be laid down by Member States.

2. Member States shall communicate to the Commission the text of the main provisions of national law which they adopt in the field covered by this Directive.

Article 26 **Entry into force**

This Directive shall enter into force on the 20 th day following that of its publication in the *Official Journal of the European Union*.

Article 27 **Addressees**

This Directive is addressed to the Member States.

Done at Strasbourg, 6 July 2005.

For the European Parliament	*For the Council*
The President	*The President*
J. BORRELL FONTELLES	J. STRAW

ANNEX I
Method for setting generic Eco-design requirements
(referred to in Article 15)

Generic ecodesign requirements aim at improving the environmental performance of EuPs, focusing on significant environmental aspects thereof without setting limit values. The method according to this Annex will be applied when it is not appropriate to set limit values for the product group under examination. The Commission shall, when preparing a draft implementing measure to be submitted to the Committee referred to in Article 19, identify significant environmental aspects which shall be specified in the implementing measure.

In preparing implementing measures laying down generic ecodesign requirements pursuant to Article 15 the Commission will identify, as appropriate to the EuP covered by the implementing measure, the relevant ecodesign parameters from among those listed in Part 1, the information supply requirements from among those listed in Part 2 and the requirements for the manufacturer listed in Part 3.

Part 1. Ecodesign parameters for EuPs

1.1. In so far as they relate to product design, significant environmental aspects are identified with reference to the following phases of the life cycle of the product:

   (a) raw material selection and use;

   (b) manufacturing;

   (c) packaging, transport, and distribution;

   (d) installation and maintenance;

   (e) use;

   (f) end-of-life, meaning the state of an EuP having reached the end of its first use until its final disposal.

1.2. For each phase, the following environmental aspects are to be assessed where relevant:

   (a) predicted consumption of materials, of energy and of other resources such as fresh water;

   (b) anticipated emissions to air, water or soil;

   (c) anticipated pollution through physical effects such as noise, vibration, radiation, electromagnetic fields;

   (d) expected generation of waste material;

   (e) possibilities for reuse, recycling and recovery of materials and/or of energy, taking into account Directive 2002/96/EC.

1.3. In particular, the following parameters will be used, as appropriate, and supplemented by others, wherenecessary, for evaluating the potential for improving the environmental aspects mentioned in the previous paragraph:

   (a) weight and volume of the product;

   (b) use of materials issued from recycling activities;

   (c) consumption of energy, water and other resources throughout the life cycle;

   (d) use of substances classified as hazardous to health and/or the environment according to Council Directive 67/548/EEC of 27 June 1967 on the approximation of laws, regulations and administrative provisions relating to the classification, packing and labelling of dangerous substances[1] and taking into account legislation on the marketing and use of specific substances, such as Directives 76/769/EEC or 2002/95/EC;

   (e) quantity and nature of consumables needed for proper use and maintenance;

---

[1] OJ 196, 16. 8. 1967, p. 1. Directive as last amended by Commission Directive 2004/73/EC (OJL 152, 30. 4. 2004, p. 1).

(f) ease for reuse and recycling as expressed through: number of materials and components used, use of standard components, time necessary for disassembly, complexity of tools necessary for disassembly, use of component and material coding standards for the identification of components and materials suitable for reuse and recycling (including marking of plastic parts in accordance with ISO standards), use of easily recyclable materials, easy access to valuable and other recyclable components and materials; easy access to components and materials containing hazardous substances;

(g) incorporation of used components;

(h) avoidance of technical solutions detrimental to reuse and recycling of components and whole appliances;

(i) extension of lifetime as expressed through: minimum guaranteed lifetime, minimum time for availability of spare parts, modularity, upgradeability, reparability;

(j) amounts of waste generated and amounts of hazardous waste generated;

(k) emissions to air (greenhouse gases, acidifying agents, volatile organic compounds, ozone depleting substances, persistent organic pollutants, heavy metals, fine particulate and suspended particulate matter) without prejudice to Directive 97/68/EC of the European Parliament and of the Council of 16 December 1997 on the approximation of the laws of the Member States relating to measures against the emission of gaseous and particulate pollutants from internal combustion engines to be installed in non-road mobile machinery[1];

(l) emissions to water (heavy metals, substances with an adverse effect on the oxygen balance, persistent organic pollutants);

(m) emissions to soil (especially leakage and spills of dangerous substances during the use phase of the product, and the potential for leaching upon its disposal as waste).

---

[1] OJL 59, 27. 2. 1998, p. 1. Directive as last amended by Directive 2004/26/EC (OJL 146, 30. 4. 2004, p. 1).

Part 2. Requirements relating to the supply of information

Implementing measures may require information to be supplied by the manufacturer that may influence the way the EuP is handled, used or recycled by parties other than the manufacturer. This information may include, where applicable:

— information from the designer relating to the manufacturing process;

— information for consumers on the significant environmental characteristics and performance of a product, accompanying the product when it is placed on the market to allow consumers to compare these aspects of the products;

— information for consumers on how to install, use and maintain the product in order to minimise its impact onthe environment and to ensure optimal life expectancy, as well as on how to return the product at end-of-life, and, where appropriate, information on the period of availability of spare parts and the possibilities of upgrading products;

— information for treatment facilities concerning disassembly, recycling, or disposal at end-of-life.

Information should be given on the product itself wherever possible.

This information will take into account obligations under other Community legislation, such as Directive 2002/96/ EC.

Part 3. Requirements for the manufacturer

1. Addressing the environmental aspects identified in the implementing measure as capable of being influenced ina substantial manner through product design, manufacturers of EuPs will be required to perform an assessment of the EuP model throughout its lifecycle, based upon realistic assumptions about normal conditions and purposes of use. Other environmental aspects may be examined on a voluntary basis.

    On the basis of this assessment manufacturers will establish the EuP's ecological profile. It will be based on environmentally relevant product characteristics and inputs/outputs throughout the product life cycle expressed in physical quantities that can be measured.

2. Manufacturers will make use of this assessment to evaluate alternative design solutions and the achieved environmental performance of the product against benchmarks.

The benchmarks will be identified by the Commission in the implementing measure on the basis of information gathered during the preparation of the measure.

The choice of a specific design solution will achieve a reasonable balance between the various environmental aspects and between environmental aspects and other relevant considerations, such as safety and health, technical requirements for functionality, quality, and performance, and economic aspects, including manufacturing costs and marketability, while complying with all relevant legislation.

ANNEX II
Method for setting specific ecodesign requirements
(referred to in Article 15)

Specific ecodesign requirements aim at improving a selected environmental aspect of the product. They may take the form of requirements for reduced consumption of a given resource, such as a limit on the use of a resource in the various stages of an EuP's life cycle, as appropriate (such as a limit on water consumption in the use phase or on the quantities of a given material incorporated in the product or a requirement for minimum quantities of recycled material).

In preparing implementing measures laying down specific ecodesign requirements pursuant to Article 15, the Commission will identify, as appropriate to the EuP covered by the implementing measure, the relevant ecodesign parameters from among those referred to in Annex I, Part 1, and set the levels of these requirements, in accordance with the procedure referred to in Article 19(2), as follows:

1. A technical, environmental and economic analysis will select a number of representative models of the EuP in question on the market and identify the technical options for improving the environmental perfor-

mance of the product, keeping sight of the economic viability of the options and avoiding any significant loss of performance or of usefulness for consumers.

The technical, environmental and economic analysis will also identify, for the environmental aspects under consideration, the best-performing products and technology available on the market.

The performance of products available on international markets and benchmarks set in other countries' legislation should be taken into consideration during the analysis as well as when setting requirements.

On the basis of this analysis and taking into account economic and technical feasibility as well as potential for improvement, concrete measures are taken with a view to minimising the product's environmental impact.

Concerning energy consumption in use, the level of energy efficiency or consumption will be set aiming at the life-cycle cost minimum to end-users for representative EuP models, taking into account the consequences on other environmental aspects. The life-cycle cost analysis method uses a real discount rate on the basis of data provided from the European Central Bank and a realistic lifetime for the EuP; it is based on the sum of the variations in purchase price (resulting from the variations in industrial costs) and in operating expenses, which result from the different levels of technical improvement options, discounted over the lifetime of the representative EuP models considered. The operating expenses cover primarily energy consumption and additional expenses in other resources (such as water or detergent).

A sensitivity analysis covering the relevant factors (such as the price of energy or other resource, the cost of raw materials or production costs, discount rates) and, where appropriate, external environmental costs, including avoided greenhouse gas emissions, will be carried out to check if there are significant changes and if the overall conclusions are reliable. The requirement will be adapted accordingly.

A similar methodology could be applied to other resources such as water.

2. For the development of the technical, environmental and economic analyses, information available in the framework of other Community

activities could be used.

The same applies for information available from existing programmes applied in other parts of the world for setting the specific ecodesign requirement of EuPs traded with the EU's economic partners.

3. The date of entry into force of the requirement will take the redesign cycle for the product into account.

ANNEX III
CE marking
(referred to in Article 5(2))

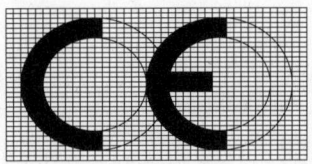

![CE marking]

The CE marking must have a height of at least 5 mm. If the CE marking is reduced or enlarged the proportions given in the above graduated drawing must be respected.

The CE marking must be affixed to the EuP. Where this is not possible, it must be affixed to the packaging and to the accompanying documents.

ANNEX IV
Internal design control
(referred to in Article 8)

1. This Annex describes the procedure whereby the manufacturer or its authorised representative who carries out the obligations laid down in point 2 of this Annex ensures and declares that the EuP satisfies the relevant requirements of the applicable implementing measure. The declaration of conformity may cover one or more products and must be kept by the manufacturer.

2. A technical documentation file making possible an assessment of the conformity of the EuP with the requirements of the applicable implementing measure will be compiled by the manufacturer.

   The documentation will specify, in particular:

   (a) a general description of the EuP and of its intended use;

   (b) the results of relevant environmental assessment studies carried out by the manufacturer, and/or references to environmental assessment literature or case studies, which are used by the manufacturer in evaluating, documenting and determining product design solutions;

   (c) the ecological profile, if required by the implementing measure;

   (d) elements of the product design specification relating to environmental design aspects of the product;

   (e) a list of the appropriate standards referred to in Article 10, applied in full or in part, and a description of the solutions adopted to meet the requirements of the applicable implementing measure where the standards referred to in Article 10 have not been applied or where these standards do not cover entirely the requirements of the applicable implementing measure;

   (f) a copy of the information concerning the environmental design aspects of the product provided in accordance with the requirements specified in Annex I, Part 2;

   (g) the results of measurements on the ecodesign requirements carried out, including details of the conformity of these measurements as compared with the ecodesign requirements set out in the applicable implementing measure.

3. The manufacturer must take all measures necessary to ensure that the product will be manufactured in compliance with the design specifications referred to in point 2 and with the requirements of the measure which apply to it.

ANNEX V
Management system for assessing conformity
(referred to in Article 8)

1. This Annex describes the procedure whereby the manufacturer who satisfies the obligations of point 2 of this Annex ensures and declares that the EuP satisfies the requirements of the applicable implementing measure. The declaration of conformity may cover one or more products and must be kept by the manufacturer.

2. A management system may be used for the conformity assessment of an EuP provided that the manufacturer implements the environmental elements specified in point 3 of this Annex.

3. Environmental elements of the management system

    This point specifies the elements of a management system and the procedures by which the manufacturer can demonstrate that the EuP complies with the requirements of the applicable implementing measure.

    3.1. The environmental product performance policy

    The manufacturer must be able to demonstrate conformity with the requirements of the applicable implementing measure. The manufacturer must also be able to provide a framework for setting and reviewing environmental product performance objectives and indicators with a view to improving the overall environmental product performance.

    All the measures adopted by the manufacturer to improve the overall environmental performance of and to establish the ecological profile of an EuP, if required by the implementing measure, through design and manufacturing, must be documented in a systematic and orderly manner in the form of written procedures and instructions.

    These procedures and instructions must contain, in particular, an adequate description of:

    — the list of documents that must be prepared to demonstrate the EuP's conformity, and—if relevant—that have to be made available;

— the environmental product performance objectives and indicators and the organisational structure, responsibilities, powers of the management and allocation of resources with regard to their implementation and maintenance;

— the checks and tests to be carried out after manufacture to verify product performance against environmental performance indicators;

— procedures for controlling the required documentation and ensuring that it is kept up to date;

— the method of verifying the implementation and effectiveness of the environmental elements of the management system.

3.2. Planning

The manufacturer will establish and maintain

(a) procedures for establishing the ecological profile of the product;

(b) environmental product performance objectives and indicators, which consider technological options taking into account technical and economic requirements;

(c) a programme for achieving these objectives.

3.3. Implementation and documentation

3.3.1. The documentation concerning the management system should cover the following, in particular:

(a) responsibilities and authorities will be defined and documented in order to ensure effective environmental product performance and reporting on its operation for review and improvement;

(b) documents will be established indicating the design control and verification techniques implemented and processes and systematic measures used when designing the product;

(c) the manufacturer will establish and maintain information to describe the core environmental elements of the management system and the procedures for controlling all documents required.

3.3.2. The documentation concerning the EuP will specify, in particular:

(a) a general description of the EuP and of its intended use;

(b) the results of relevant environmental assessment studies carried out by the manufacturer, and/or references to environmental assessment literature or case studies, which are used by the manufacturer in evaluating, documenting and determining product design solutions;

(c) the ecological profile, if required by the implementing measure;

(d) documents describing the results of measurements on the ecodesign requirements carried out including details of the conformity of these measurements as compared with the ecodesign requirements set out in the applicable implementing measure;

(e) the manufacturer will establish specifications indicating, in particular, standards which have been applied; where standards referred to in Article 10 are not applied or where they do not cover entirely the requirements of the relevant implementing measure, the means used to ensure compliance;

(f) a copy of the information concerning the environmental design aspects of the product provided in accordance with the requirements specified in Annex I, Part 2.

3.4. Checking and corrective action

(a) the manufacturer must take all measures necessary to ensure that the EuP is manufactured in compliance with its design specification and with the requirements of the implementing measure which applies to it;

(b) the manufacturer will establish and maintain procedures to investigate and respond to non-conformity, and implement changes in the documented procedures resulting from corrective action;

(c) the manufacturer will carry out at least every three years a full internal audit of the management system with regard to its environmental elements.

ANNEX VI
Declaration of conformity
(referred to in Article 5(3))

The EC declaration of conformity must contain the following elements:

1. the name and address of the manufacturer or of its authorised representative;

2. a description of the model sufficient for unambiguous identification;

3. where appropriate, the references of the harmonised standards applied;

4. where appropriate, the other technical standards and specifications used;

5. where appropriate, the reference to other Community legislation providing for the affixing of the CE mark that is applied;

6. identification and signature of the person empowered to bind the manufacturer or its authorised representative.

ANNEX VII
Contents of the implementing measures
(referred to in Article 15(8))

The implementing measure will specify, in particular:

1. the exact definition of the type(s) of EuP(s) covered;

2. the ecodesign requirement(s) for the EuP(s) covered, implementing date(s), staged or transitional measures or periods;

   — in the case of generic ecodesign requirement(s), the relevant phases and aspects selected from those mentioned in Annex I, points 1.1 and 1.2, accompanied by examples of parameters selected from those mentioned in Annex I, point 1.3 as guidance when evaluating improvements regarding identified environmental aspects;

   — in the case of specific ecodesign requirement(s), its (their) level (s);

3. the ecodesign parameters referred to in Annex I, Part 1 relating to which no ecodesign requirement is necessary;

4. the requirements on installation of the EuP where it has a direct relevance to the EuP's environmental performance considered;

5. the measurement standards and/or measurement methods to be used; when available, harmonised standards the reference numbers of which have been published in the *Official Journal of the European Union* will be used;

6. the details for conformity assessment under Decision 93/465/EEC;

   — where the module(s) to be applied is (are) different from Module A; the factors leading to the selection of that specific procedure;

   — where relevant the criteria for approval and/or certification of the third parties;

where different modules are laid down in other CE requirements for the same EuP, the module defined in the implementing measure will prevail for the requirement concerned;

7. requirements on information to be provided by manufacturers notably on the elements of the technical documentation which are needed for facilitating the checking of the compliance of the EuP with the implementing measure;

8. the duration of the transitional period during which Member States must permit the placing on the market and/or putting into service of EuPs which comply with the regulations in force in their territory on the date of adoption of the implementing measure;

9. the date for the evaluation and possible revision of the implementing measure, taking into account speed of technological progress.

ANNEX VIII

In addition to the basic legal requirement that self-regulatory initiatives shall comply with all provisions of the Treaty (in particular internal market and competition rules), as well as with the international engagements of the Community, including multilateral trade rules, the following non-exhaustive list of indicative criteria may be used to evaluate the admissibility of self-regulatory initiatives as an alternative to an implementing measure in the context of this Directive:

1. Openness of participation
Self-regulatory initiatives shall be open to the participation of third country operators, both in the preparatory and in the implementation phases.

2. Added value
Self-regulatory initiatives shall deliver added value (more than 'business as usual') in terms of the improved overall environmental performance of the EuP covered.

3. Representativeness
Industry and their associations taking part in a self-regulatory action shall represent a large majority of the relevant economic sector, with as few

exceptions as possible. Care shall be taken to ensure respect for competition rules.

4. Quantified and staged objectives
The objectives defined by the stakeholders shall be set in clear and unambiguous terms, starting from a well-defined baseline. If the self-regulatory initiative covers a long time-span, interim targets shall be included. It must be possible to monitor compliance with objectives and (interim) targets in an affordable and credible way using clear and reliable indicators. Research information and scientific and technological background data shall facilitate the development of these indicators.

5. Involvement of civil society
With a view to ensuring transparency, self-regulatory initiatives shall be publicised, including through the use of the Internet and other electronic means of disseminating information.

The same shall apply to interim and final monitoring reports. Stakeholders including Member States, industry, environmental NGOs and consumers' associations shall be invited to comment on a self-regulatory initiative.

6. Monitoring and reporting
Self-regulatory initiatives shall contain a well-designed monitoring system, with clearly identified responsibilities for industry and independent inspectors. The Commission services, in partnership with the parties to the self-regulatory initiative, shall be invited to monitor the achievement of the objectives.

The plan for monitoring and reporting shall be detailed, transparent and objective. It shall remain for the Commission services, assisted by the Committee referred to in Article 19(1), to consider whether the objectives of the voluntary agreement or other self-regulatory measures have been met.

7. Cost-effectiveness of administering a self-regulatory initiative
The cost of administering self-regulatory initiatives, in particular as regards monitoring, shall not lead to a disproportionate administrative burden, as compared to their objectives and to other available policy instruments.

8. Sustainability

Self-regulatory initiatives shall respond to the policy objectives of this Directive including the integrated approach and shall be consistent with the economic and social dimensions of sustainable development. The protection of consumers' interests (health, quality of life and economic interests) shall be integrated.

9. Incentive compatibility

Self-regulatory initiatives are unlikely to deliver the expected results if other factors and incentives—market pressure, taxes, and legislation at national level—send contradictory signals to participants in the commitment. Policy consistency is essential in this regard and shall be taken into consideration when assessing the effectiveness of the initiative.

エネルギー使用製品に対する環境配慮設計要求事項設定のための枠組みを構築するとともに，理事会指令92/42/EEC，欧州議会および理事会指令96/57/ECならびに2000/55/ECを修正する
2005年7月6日付 欧州議会および理事会指令2005/32/EC

欧州連合の欧州議会および理事会は，欧州共同体設立条約，ならびに特に同条約第95条を尊重し，欧州委員会からの提案を尊重し，経済社会評議会の意見[1]を尊重し，同条約第251条に規定された手続きに従って行動し[2]，以下の事項に鑑み，本指令を採択した．

（1） エネルギー使用製品の環境配慮設計に関して，加盟国が採択する法または行政措置における不一致は，欧州共同体内における貿易障壁および競争の歪曲を惹起し，かつ域内市場の確立と機能に直接影響し得る．国内法の整合が，かかる貿易障壁および不公平な競争を防ぐ唯一の手段である．

（2） エネルギー使用製品（Energy using Products：「EuP」）は欧州共同体における天然資源消費およびエネルギー消費の大部分を占めている．その他にもまた，いくつかの著しい環境影響を及ぼす．欧州共同体市場で入手可能な製品カテゴリーの圧倒的多数は機能的に類似した性能を備えているが，環境影響の程度は実に多様であると言える．また，持続可能な開発のために，特に環境への負の影響の主な原因を特定し，かつ汚染の転嫁を防ぐことで，当該製品の全体的な環境影響における継続的改善が，この改善に過度の費用を必要としないとき，奨励されるべきである．

---

[1] EU官報C 112, 2004年4月30日, P.25
[2] 2004年4月20日付欧州議会の意見書（EU官報C 104 E, 2004年4月30日, P.319），2004年11月29日付理事会の共通の立場（EU官報C 38 E, 2005年2月15日, P.45）および2005年4月13日付欧州議会の立場ならびに2005年5月23日付理事会決定．

（3） 製品の環境配慮設計は，包括的製品政策（IPP）に関する欧州共同体戦略において重大な要因である．製品の環境パフォーマンスを最適化するための設計は，予防的手法として，製品の機能品質を維持しつつ，製造者，消費者および社会全体に真の新しい機会を提供する．

（4） エネルギー効率の改善は―より効率的な電気の最終使用という一つの可能な選択肢と共に―欧州共同体における温室効果ガス排出目標の達成に大いに貢献すると思われる．電気需要は最も急増するエネルギー最終使用カテゴリーであり，この増加傾向を防ぐ政策措置がない限り，今後20～30年以内に電気需要は大きく増加すると予想されている．欧州委員会が欧州気候変動プログラムにおいて推奨するように，エネルギー消費には大幅な削減が可能である．気候変動は，欧州議会および理事会の決定1600/2002/EC[3]に定める第6次環境行動計画の優先事項の一つである．省エネは，供給の安全を向上させ，かつ輸入依存を軽減するもっともコスト効率の良い方法である．従って，しっかりした需要側の措置および目標が採択されるべきである．

（5） EuPの設計段階における措置が講じられるべきである．製品のライフサイクル中に発生する汚染はその設計段階で決定される．また，関連費用の大部分はその後決定される．

（6） 欧州共同体の環境配慮設計要求事項をEuPに適用させるための一貫性ある枠組みは，適用製品の自由な移動および当該製品の全体的な環境影響の改善を確実にするすることを目的として確立されなければならない．かかる欧州共同体の要求事項は国際貿易の原則を尊重しなければならない．

---

[3] EU官報 L 242, 2002年9月10日, P.1

（7） 環境配慮設計要求は，必要に応じて，関連するテーマ別戦略の適用目標を含む第6次環境行動計画の目標及び優先事項であることを念頭において設定されるべきである．

（8） 本指令は，EuPの潜在的な環境影響を軽減することにより，高水準の環境保護達成を求めている．このことは，消費者およびその他の最終ユーザーに究極的に恩恵を与えることになるまた，持続可能な開発には，想定する措置が健康，社会および経済に与える影響を適切に考慮することが必要である．製品のエネルギー効率改善は，健全な経済活動，つまり持続可能な開発の前提条件であるエネルギー供給の確保に貢献する．

（9） 環境保護に関連する主要な要求を理由に国家規定を維持すること，または適用される実施措置の採択後に発生する当該加盟国に特有の問題を理由に環境保護に関連する新たな科学的証拠に基づく新規定を導入することが必要と考える加盟国は，欧州委員会への事前通知および同委員会からの承認を規定する欧州共同体設立条約第95条の4項，5項および6項に定められた条件に従って，かかることを行ってもよい．

（10） 改善された設計がもたらす環境上の利点を最大限に生かすために，EuPの環境特性および環境パフォーマンスについて消費者に知らせること，環境に優しい形で製品の使用方法について助言することが必要となる場合がある．

（11） 包括的製品政策（IPP）に関するグリーン・ペーパー[4]に定めるアプローチは，欧州共同体の第6次環境行動計画[5]を代表する革新的な要素であり，製品のライフサイクル全体を通じてその環境影響を削減するこ

---

[4] 編集注：本誌Vol.2 No.6に和訳を掲載．
[5] 編集注：本誌Vol.4 No.5に和訳を掲載．

とを目的としている．設計時に製品のライフサイクル全体を通しての環境影響を考慮することは，コスト効率の良い方法で影響改善を促進する高い可能性を持っている．また，技術的，機能的，経済的側面との均衡を取りながら，かかる要因を製品設計に取り入れるに適した柔軟性を与える必要がある．

(12) 環境パフォーマンスに対する包括的なアプローチが望まれるが，エネルギー効率の向上による温室効果ガス軽減は，作業計画が採択されるまで優先すべき環境目標と捉えるべきである．

(13) 一部の製品またはその環境側面については，環境影響を最小限にするために，定量的な環境配慮設計の特定要求事項を定めることが必要かつ正当であろう．もし，国連気候変動枠組み条約（UNFCCC）に向けての京都議定書の枠組みにおける公約の遂行に貢献することが緊急に必要であれば，本指令の包括的なアプローチに影響を与えずに，低コストでの温室効果ガス排出量削減に高い可能性を持つこれらの措置はある程度優先されるべきである．また，かかる措置は持続可能な資源利用にも貢献し，かつ 2002 年 9 月にヨハネスブルグで開催された持続可能な開発に関する世界サミットで合意された持続可能な生産および消費に関する 10 ヶ年枠組み計画にも大きく寄与するであろう．

(14) 一般的原則として，待機中またはオフ時の EuP のエネルギー消費量は，適正な機能を果たすために必要最低限の水準まで削減しなければならない．

(15) 環境配慮設計要求事項の水準は，国際市場を含めて市場で利用可能な最もパフォーマンスの良い製品または技術を参考にしながら，技術面，経済面および環境面の分析に基づいてに設定されるべきである．同要求事項の水準を定める方法に柔軟性を与えると，環境パフォーマンスのより

迅速な改善を容易にすることができる．関係当事者は助言することを求められるべきで，またこの分析に積極的に協力すべきである．強制的施策を定める場合には，関係者と然るべき協議をもつ必要がある．かかる協議では，段階的導入あるいは移行措置の必要性が重要視されるべきである．中間目標を導入すると政策の予測可能性が高まり，製品開発サイクルの調整が可能となり，また関係者にとっては長期的計画が容易になる．

(16) 強制的要求事項とするより，業界による自主規制などの代替的手段の方がさらに迅速に，あるいはある程度少ない費用で政策目標を達成できそうな場合には，かかる手段を優先すべきである．市場拡大が正しい方向に，あるいは許容可能な速度で発展しない場合には，立法措置が必要となる場合もある．

(17) 業界による単独の取り組みとしての自主協定を含む自主規制は，迅速かつ費用対効果の高い実施を行うことにより速やかな進捗を可能にし，技術的な選択肢と市場感応度に対して柔軟性のある適切な適用を可能にする．

(18) 実施措置の代替策として提示される自主協定または他の自主規制措置の評価には，少なくとも以下の項目に関する情報が提供されなければならない．参加の公開制，付加価値，代表性，定量的かつ段階的な目標，市民社会の関与，監視および報告，自主規制イニシアティブ管理の費用対効果および持続可能性．

(19) 欧州委員会の「環境規制の簡素化および改善に関する行動計画の枠組みにおける欧州共同体レベルでの環境協定通達」第6章では，本指令の文脈において業界による自主規制を評価するときに有用なガイダンスを提

供した．

(20) 本指令は，中小企業および零細企業における環境配慮設計の取組みも奨励すべきである．かかる取組みは，それらの企業の製品の持続可能性に関連する情報を広く入手可能にすること，およびそれらの情報への容易なアクセスにより促進することができる．

(21) 本指令の実施措置が定める環境配慮設計要求事項を遵守するEuPを域内市場へ上市し，自由な移動を可能にするには，「CE」マーク表示および関連情報が必要である．かかる実施措置の厳密な実施は，規制されたEuPの環境影響を軽減し公正な競争を確保するために必要である．

(22) 欧州委員会は，かかる実施措置と作業計画を整備する場合は，中小企業や工芸産業，労働組合，小売業者，輸入業者，環境保護団体，消費者団体を含んだ業界など当該製品の関係者と協議すると同様に，加盟国の代表とも協議すべきである．

(23) 欧州委員会は，かかる実施措置を整備する場合は，特に有害物質に関して，加盟国が遵守すべきと考えると指摘している現行の国内環境法について，加盟国における現行の正当なレベルの保護を損なわないよう配慮すべきである．

(24) 技術整合指令にて使用されることを意図した適合性評価手続きの各種段階の測定基準（modules）およびCE適合マークの貼付・使用規則に関する1993年7月22日付理事会決定93/465/EECに定める技術整合指令における測定基準および使用意図規則が配慮されるべきである[6]．

---

[6] EU官報 L 220, 1983年8月30日, P.23

(25) 監督当局は，市場の監視を改善する目的で，本指令の範囲内で想定される施策に関する情報を交換すべきである．かかる協力においては，電子媒体によるコミュニケーションおよび関連する欧州共同体プログラムを十分に活用すべきである．環境ライフサイクルのパフォーマンスについての情報および設計ソリューションの実績についての情報の交換は容易にされるべきである．製造者の環境配慮設計の努力によって生成された一連の知識の蓄積と普及は，本指令の重要な便益のひとつである．

(26) 監督機関（competent body）とは通常，公的機関に指名された公共機関または民間機関であり，当該製品が適用される実施措置を遵守しているかを検証するための公平性および技術的専門知識の利用可能性を示すのに必要な保証を提示している．

(27) 加盟国は，非遵守を回避する重要性を認識し，効果的な市場監視に必要な手段が利用できることを確実にしなければならない．

(28) 中小企業のための環境配慮設計に関する教育および情報については，付随する活動を考慮することが適切であろう．

(29) 欧州共同体レベルで整合された規格があると域内市場を機能させる上で役立つ．かかる基準の引用がEU官報に告示された場合，当該基準に適合していれば，本指令に基づき採択された実施措置に定める対応要求事項に適合すると見做すべきである．但し，かかる適合を示す他の方法も認めるべきである．

(30) 整合規格（harmonised standards）の主要な役割の一つは，本指令に基づき採択された実施措置の適用に際して製造者を援助することでなければならない．かかる規格は，方法を評価したりテストしたりする際に

不可欠であろう．一般的環境配慮設計要求については，整合規格は，適用可能な実施措置の要求事項に従って製品のエコロジカルプロファイルを確立する際に製造者を指導するのに大きく貢献することが可能であろう．かかる規格は，その条項と対処すべき要求事項の関連を明確に示さなければならない．整合規格の目的は環境側面の制限値を定めるものであってはならない．

(31) 本指令の中で使用されている定義においては，ISO 14040 など関連した国際規格を参照することが有用である．

(32) 本指令は，技術的整合化と規格へのニューアプローチに関する 1985 年 5 月 7 日付理事会決議[7] に定めるニューアプローチおよび欧州整合規格への言及についての実施原則に従ったものである．また，欧州における標準化の役割に関する 1999 年 10 月 28 日付理事会決議[8] では，法律を改善および簡素化する手段として，可能な限り，まだ適用対象となっていない分野にまで「ニューアプローチ」原則を拡大できるかどうか，欧州委員会が検証すべきであると提言している．

(33) 本指令は，ラベル表示および標準的な製品情報による家電製品のエネルギーその他資源の消費量表示に関する 1992 年 9 月 22 日付理事会指令 92/75/EEC[9]，改訂欧州共同体エコラベル認定制度に関する 2000 年 7 月 17 日付欧州議会および理事会規則 (EC) 1980/2000[10]，事務機器を対象とする欧州共同体エネルギー効率表示計画に関する 2001 年 11 月 6 日付欧州議会および理事会規則 (EC) 2422/2001[11]，廃電気電子機器

---

[7] EU 官報 C 136, 1985 年 6 月 4 日, P. 1.
[8] EU 官報 C 141, 2000 年 5 月 19 日, P. 1.
[9] EU 官報 L 297, 1992 年 10 月 13 日, P. 16. 欧州議会および理事会規則 (EC) No 1882/2003 により修正された指令 (EU 官報 L 284, 2003 年 10 月 31 日, P. 1)
[10] EU 官報 L 237, 2000 年 9 月 21 日, P. 1.
[11] EU 官報 L 332, 2001 年 12 月 15 日, P. 1.

(WEEE) に関する 2003 年 1 月 27 日付欧州議会および理事会指令 2002/96/EC[12]，電気電子機器に含まれる特定有害物質の使用制限に関する 2003 年 1 月 27 日付欧州議会および理事会指令 2002/95/EC[13]，特定危険物質および調剤の上市と使用の制限に係わる加盟国の法律，規則および行政規定の近似化を図るための 1976 年 7 月 27 日付け理事会指令 76/769/EEC[14] など現行の欧州共同体の手法を補完するものである．本指令と現行の欧州共同体の手法との相乗効果はそれぞれの影響力を強化し，かつ製造業者が適用すべき一貫性のある要求事項を構築することに寄与すべきである．

(34) 液体燃料または気体燃料を使用する新設給湯ボイラーの効率要求事項に関する 1992 年 5 月 21 日付理事会指令 92/42/EEC[15]，家庭用電気冷蔵庫，冷凍庫および冷凍冷蔵庫のエネルギー効率要求事項に関する 1996 年 9 月 3 日付欧州議会および理事会指令 96/57/EC[16]，ならびに蛍光照明用安定器に適用されるエネルギー効率要求事項に関する 2000 年 9 月 18 日付欧州議会および理事会指令 2000/55/EC[17] はすでにエネルギー効率要求事項の改訂規定を盛り込んでいるので，現行の枠組みに統合されるべきである．

(35) 指令 92/42/EEC では，ボイラーのエネルギー性能の確認を意図するスター評価制度について規定している．加盟国および産業界は，スター評価制度の成果が期待したほどでないことが判明したことから，指令 92/

---

[12] EU 官報 L 37，2003 年 2 月 13 日，P. 24．指令 2003/108/EC により修正された指令（EU 官報 L 345，2003 年 12 月 31 日，P. 106）
[13] EU 官報 L 37，2003 年 2 月 13 日，P. 19
[14] EU 官報 L 262，1976 年 9 月 27 日，P. 201．欧州委員会指令 2004/98/EC による最終に修正された指令（EU 官報 L 305，2004 年 10 月 1 日，P. 63）
[15] EU 官報 L 167，1992 年 6 月 22 日，P. 17 欧州議会および理事会により最後に修正された指令 2004/8/EC（EU 官報 L 52 2004 年 2 月 21 日，P. 50）
[16] EU 官報 L 236，1996 年 9 月 18 日，P. 36
[17] EU 官報 L 279，2000 年 11 月 1 日，P. 33

42/EEC はより効果的な仕組みへの道を開くために修正されるべきであると合意している．

(36) 新築または既存の非工業用建物における空間暖房向暖房発電機および給湯器の性能ならびに新築の非工業用建物における断熱および家庭用給湯分配に関する 1978 年 2 月 13 日付理事会指令 78/170/EEC[18] に定める要求事項は，指令 92/42/EEC およびガス器具に関する加盟国法の近似化についての 1990 年 6 月 29 日付理事会指令 90/396/EEC[19] の規定および建物のエネルギー性能に関する 2002 年 12 月 16 日付指令 2002/91/EC[20] の規定によりとって代わられる．従って，指令 78/170/EEC は廃止すべきである．

(37) 家庭用機器から放出される空気伝播騒音に関する 1986 年 12 月 1 日付理事会指令 86/594/EEC[21] は，かかる機器により放出される騒音に関する情報公表が加盟国により要求され得る条件を規定している．整合化目的のために騒音放出は統合的な環境パフォーマンスの評価に含まれるべきである．本指令がかかる統合的アプローチを提供するものであることから，指令 86/594/EEC は廃止すべきである．

(38) 本指令の実施に必要な措置は，欧州委員会に付託される実施権限の執行手続きを規定した 1999 年 6 月 28 日付理事会決定 1999/468/EC[22] に従って採択されるべきである．

---

[18] EU 官報 L 52, 1978 年 2 月 23 日, P. 32. 指令 82/885/EEC により修正された指令（EU 官報 L 378, 1982 年 12 月 31 日, P. 19）
[19] EU 官報 L 196, 1990 年 7 月 26 日, P. 15. 指令 93/68/EEC により修正された指令（EU 官報 L 220 1993 年 8 月 30 日, P. 1）
[20] EU 官報 L 1, 2003 年 1 月 4 日, P. 65
[21] EU 官報 L 344, 1986 年 12 月 6 日, P. 24. 理事会規則（EC）No 807/2003 により修正された指令（EU 官報 L 122, 2003 年 5 月 16 日, P. 36）
[22] EU 官報 L 184, 1999 年 7 月 17 日, P. 23

(39) 加盟国は，本指令に従って採択された国家規定の違反に適用する罰則を決定すべきである．かかる罰則は，効果的で均整がとれ，かつ抑止力のあるものであるべきである．

(40) より良い立法に関する組織間協定（the Interinstitutional agreement on better law-making）第34章[23]において，理事会が「加盟国に対して，加盟国自身のため，また理事会の利益のために，指令や転換措置の相関関係を説明する国独自の案を可能な限り策定し，それらを公開することを奨励する」と述べていることは想起されるべきである．

(41) 提案の目的，特に製品を適切な環境パフォーマンス水準に適合させることにより域内市場を確実に機能させることは，加盟国の単独行動で十分に達成できるものではなく，その規模と効果の点で欧州共同体レベルの方が達成しやすいため，欧州共同体は，欧州共同体設立条約第5条に規定する補完原則に従い，措置を講じることができる．当該条項に規定する比例原則に従い，本指令は当該目標の達成に必要とされる範囲を超えるものではない．

(42) 地域委員会は助言を求められたが，意見を提出しなかった．

---

[23] EU官報C 321, 2003年12月31日, P.1

第1条　対象事項および範囲

1. 本指令は，域内市場におけるエネルギー使用製品の自由な移動を確実なものとするためにかかる製品の欧州共同体の環境配慮設計要求事項を設定するための枠組みを構築することである．

2. 本指令は，実施措置の対象となるエネルギー使用製品が上市および/またはサービス供与するために満たされなければならない要求事項を規定する．また，エネルギー効率と環境保護水準の向上，同時にエネルギー供給の安全性向上により持続可能な開発に貢献する．

3. 本指令は，人あるいは商品の輸送手段には適用しない．

4. 本指令および本指令に準じて採択された実施措置は，フッ素系温室効果ガスに関する欧州共同体法を含む欧州共同体廃棄物管理法や欧州共同体化学品法を侵害しないものとする．

第2条　定義

本指令の目的上，以下の定義が適用となる．

（1）「エネルギー使用製品（EuP：Energy-using Product)」とは，いったん上市またはサービスとして供与されたら，意図した働きをするためにエネルギー入力（電気，化石燃料および再生可能エネルギー源）に依存する製品，またはかかるエネルギーを生産，移動および測定するための製品を意味する．また，エネルギー入力に依存し，本指令で対象とする

EuPへの組み込みが意図されるもので，最終ユーザーに個別パーツとして上市および/またはサービス供与され，その環境パフォーマンスが個別に評価できる部品を意味する．

(2) 「構成部品および組品 (Components and sub-assemblies)」とは，EuPへの組み込みが意図され，最終ユーザーに個別パーツとして上市および/またはサービス供与されることなく，あるいはその環境パフォーマンスが個別に評価できない部品を意味する．

(3) 「実施措置 (Implementing measures)」とは，定義した EuP あるいは環境側面に対しての環境配慮設計要求事項を定める本指令に従って採択された措置を意味する．

(4) 「上市 (Placing on the market)」とは，欧州共同体内におけるその流通または使用を目的として，有償か無償かを問わず，また販売手法にかかわらず，欧州共同体市場で EuP を初めて入手可能にすることを意味する．

(5) 「サービス供与 (Putting into service)」とは，欧州共同体の最終ユーザーに EuP がその製品本来の目的で初めて使用されることを意味する．

(6) 「製造者 (Manufacturer)」とは，製造者自身の名称や商標の下に上市および/またはサービス供与するために，または製造者自身の使用のために，本指令で対象とする EuP を製造し，EuP を本指令に適合させる責任を有する自然人または法人を意味する．第一文で定義した製造者または第8項にて定義される輸入者が不在の場合は，本指令で対象とする EuP を上市またはサービス供与する自然人または法人が製造者とみなされる．

（7）「製造者の認定代理人（Authorised representative）」とは，製造者から本指令に関連する義務および手続きについて製造者のすべての権限または部分的な権限を持つための文書による委任状を受けている欧州共同体内に設立された自然人または法人を意味する．

（8）「輸入者（Importer）」とは，欧州共同体内に設立され，その事業の過程において第三国から欧州共同体市場に製品を上市するあらゆる自然人または法人を意味する．

（9）「材料（Materials）」とは，EuPのライフサイクル中に使用されるすべての材料を意味する．

（10）「製品設計（Product design）」とは，製品が満たすべき法律，技術，安全性，機能，市場あるいは他の要求事項をEuPの技術仕様に変換する一連の工程を意味する．

（11）「環境側面（Environmental aspect）」とは，ライフサイクル中に環境と相互作用のあるEuPの要素あるいは機能を意味する．

（12）「環境影響（Environmental impact）」とは，ライフサイクル中にEuPに起因する全面的あるいは部分的な環境に対するあらゆる変化を意味する．

（13）「ライフサイクル（Life cycle）」とは，EuPの原材料の使用から最終処分に至るまでの連続的かつ相互に連結した諸ステージを意味する．

（14）「再使用（Reuse）」とは，EuPあるいはその構成部品が初回使用の最終段階に達した時に考案時と同じ目的に使用されるオペレーションを意味

し，回収地点，流通業者，リサイクル業者あるいは製造者に返却された EuP の継続的使用ならびにリファービッシュ後の EuP の再使用も含まれる．

(15) 「リサイクル (Recycling)」とは，廃材料を本来の目的あるいはその他の目的のための生産工程において再加工することを意味する．但し，エネルギー再生は除外する．

(16) 「エネルギー再生 (Energy Recovery)」とは，他の廃棄物を伴うかどうかに関わらず，熱の再生を伴う直接焼却によるエネルギー生成手段として可燃性廃棄物を使用することを意味する．

(17) 「再生 (Recovery)」とは，廃棄物に関する 1975 年 7 月 15 日付理事会指令 75/442/EEC[24] の付属書 II.B に定めるいずれかの該当するオペレーションを意味する．

(18) 「廃棄物 (Waste)」とは，指令 75/442/EEC の付属書 I に定めるカテゴリーに含まれ，所有者が放棄するか，放棄する意図を有しているか，あるいは放棄を余儀なくされる物質または対象物を意味する．

(19) 「有害廃棄物 (Hazardous Waste)」とは，有害廃棄物に関する 1991 年 12 月 12 日付理事会指令 91/689/EEC[25] の条項に定める廃棄物を意味する．

(20) 「エコロジカルプロファイル (Ecological profile)」とは，EuP に適用

---

[24] EU 官報 L 194, 1975 年 7 月 25 日, P.39. 規則 (EC) No 1882/2003 により最終修正された指令

[25] EU 官報 L 377, 1991 年 12 月 31 日, P.20. 指令 (EC) 94/31/EC により修正された指令 (EU 官報 L 168, 1994 年 7 月 2 日, P.28)

すべき実施措置に従い，ライフサイクルを通じてEuPに関連するインプットとアウトプット（材料，放出，廃棄物など）についての記述を意味し，環境影響という点から重要性があり，かつ測定可能な物理量で表されるものである．

(21) EuPの「環境パフォーマンス（Environmental performance）」とは，その技術文書ファイルに反映されるように，製造者がEuPに対する環境側面を管理した結果を意味する．

(22) 「環境パフォーマンス改善（Improvement of the environmental performance）」とは，EuPの将来世代にわたる環境パフォーマンスを高めるプロセスを意味する．但し，製品のすべての環境側面において同時に結果が改善しなければならないということではない．

(23) 「環境配慮設計（Ecodesign）」とは，全ライフサイクルを通したEuPの環境パフォーマンス改善を目的として，環境側面を製品設計に組み込むことを意味する．

(24) 「環境配慮設計要求事項（Ecodesign requirement）」とは，製品の環境パフォーマンス改善を意図するEuPないしEuPの設計に関連する要求事項，またはEuPの環境側面に関する情報提供に対する要求事項を意味する．

(25) 「一般的環境配慮設計要求事項（Generic ecodesign requirement）」とは，特定の環境側面に制限値を設けるのではなく，EuPの全体としてのエコロジカルプロファイルに基づく環境配慮設計要求事項を意味する．

(26) 「特定環境配慮設計要求事項（Specific ecodesign requirement）」とは，例えば使用時のエネルギー消費量など，指定の出力性能単位に換算された EuP の特定の環境側面に関する定量的かつ測定可能な要求事項を意味する．

(27) 「整合規格（Harmonised standard）」とは，欧州要求事項を確立する目的で技術標準および規定の分野における情報提供の手続きを定めた 1998 年 6 月 22 日付欧州議会および理事会指令 98/34/EC[26] に規定する手続きに従い，欧州委員会の委任の下に認定基準機関が採用した技術仕様を意味する．但し，その遵守を強制するものではない．

第 3 条　上市およびサービス供与

1. 加盟国は，実施措置の対象となる EuP が当該措置に適合していると共に第 5 条に従って CE マークが貼付られている場合にのみ上市および/またはサービス供与できることを確保するため，あらゆる適切な措置を講じなければならない．

2. 加盟国は，市場監視の責務を有する当局を指定しなければならない．加盟国はかかる当局が本指令の下で義務づけられた適切な措置をとるために必要な権限を持ち，行使するように手配しなければならない．加盟国は，以下の権限を与えられる管轄当局について，任務，権限，組織上の構成を定義しなければならない．

　　（ⅰ）EuP の適合性について，十分な規模での適切な検査を準備するこ

---

[26] EU 官報 L 204, 1998 年 7 月 21 日, P. 37. 2003 Act of Accession により修正された指令．

と，そして適合しない EuP について製造者または製造者の認定代理人が第 7 条に従って市場から回収することを義務づけること．
(ii) 特に実施措置において指定されているように，関係者によるすべての必要な情報の提供を要求すること．
(iii) 製品サンプルを取り寄せ，それら製品の適合性検査（compliance check）を行うこと．

3. 加盟国は，市場監視の結果について欧州委員会に逐次報告しなければならない．また，適切な場合，欧州委員会は，かかる情報を他の加盟国に通知しなければならない．

4. 加盟国は，消費者やその他の利害関係者が管轄当局（competent authority）へ製品の適合についての所見を提出する機会を確保しなければならない．

第 4 条　輸入者の責任

製造者が欧州共同体内に設立されていない場合かつ認定代理人が存在しない場合，輸入者は以下の義務を負う．

— 上市された EuP またはサービス供与された EuP が本指令および適用される実施措置を遵守することを保証する義務
— 適合宣言および技術文書を常に提示可能にする義務

第5条　マーキングおよび適合宣言

1. 実施措置の対象となるEuPは上市および/またはサービス供与の前に，CE適合マークが貼付され，かつ適合宣言が公表されなければならない．これにより製造者または製造者の認定代理人は，適用される実施措置の関連規定のすべてにEuPが適合していることを保証し，宣言する．

2. CE適合マークは，付属書Ⅲに示されているようにイニシャル「CE」で構成される．

3. 適合宣言は，付属書Ⅵに明記されている要素を含まなければならない．また，適切な実施措置に言及しなければならない．

4. CEマークの意味あるいは形に関して，ユーザーの混乱を招く可能性のあるマークをEuPに貼付することは禁止されなければならない．

5. 加盟国は，EuPが最終ユーザーの手元に渡るとき，付属書Ⅰのパート2に基づき提供される情報を加盟各国の公用語で供給するよう要求できる．

    加盟国は，本件を一つまたは複数の他の欧州共同体公用語で提供されることを認可しなければならない．

    第1サブパラグラフを適用する場合，加盟国は特に以下の事項を配慮しなければならない．

    (a) 情報が整合されたシンボルまたは認識コードもしくは他の措置により供給されることが可能かどうか

（b） 想定されるユーザーのタイプおよび提供される情報の性質

第6条　自由移動

1. 加盟国は，第5条に従って適用される実施措置の関連規定にすべて適合し，CEマークを貼付ているEuPについて，適用される実施措置により規定された付属書Ⅰのパート1で規定されている環境配慮設計パラメータに関連した環境配慮設計要求事項を理由に，領域内における上市および/またはサービス供与に対していかなる禁止，制限，妨害もしてはならない．

2. 加盟国は，第5条に沿ったCEマークを貼付するEuPについて，適用される実施措置が環境配慮設計要求を不要と定める，付属書Ⅰのパート1で規定されている環境配慮設計パラメータに関連した環境配慮設計要求事項を理由に，領域内における上市および/またはサービス供与に対していかなる禁止，制限，妨害もしてはならない．

3. 加盟国は，見本市，展示会および実演会において，適用される実施措置の規定に適合していないEuPの展示については，適合するまで上市またはサービス供与されないという事実を明確に示してある場合には，阻止することができない．

第7条　セーフガード条項

1. 第5条に言及されるCEマークが貼付され，意図された用途に従い使用されているEuPが適用される実施措置に適合していないことを加盟国が確

認した場合，製造者または製造者の認定代理人は，適用される実施措置の規定および/またはCEマーキングにEuPを適合させ，当該加盟国に課せられた条件に基づき違反行為を終息させることを義務づけられなければならない．

EuPが不適合である可能性を示す十分な証拠がある場合，当該加盟国は，その不適合の重大性に応じて，適合が立証されるまで必要な措置を講じなければならない．その場合，当該EuPの上市を禁止することもあり得る．

不適合が続く場合，加盟国は，問題のEuPが上市および/またはサービス供与されることを制限もしくは禁止することを決定し，または当該製品が市場から回収されることを確実にしなければならない．

禁止または市場から回収する場合には，欧州委員会および他の加盟国に直ちに通知しなければならない．

2. EuPの上市および/またはサービス供与を制限する本指令に従い加盟国が下した決定は，基となる根拠を明言しなければならない．

かかる決定は直ちに関係者に通知されるとともに，併せて当該加盟国で実施中の法律の下で可能な救済手段について知らされ，その救済が受ける時間的制限について知らされなければならない．

3. 当該加盟国は，本条1項に従ってなされた決定について直ちに欧州委員会および他の加盟国に通知しなければならない．また，その決定理由および特に不適合の理由が以下のいずれに該当するかを明示しなければならない．

(a) 適用される実施措置の要求事項を満たしていない．
(b) 第10条2項に言及されている整合規格を正しく適用していない．
(c) 第10条2項に言及されている整合規格に欠点がある．

4. 欧州委員会は遅滞なく関係者との協議を始めなければならず，また独立的立場にある外部専門家からの専門的な助言を参考にすることができる．

 欧州委員会は，協議後直ちに決定を行った加盟国および他の加盟国にその見解を通知しなければならない．

 欧州委員会は当該決定が不適正であるとみなす場合，直ちにその旨を加盟国に通知しなければならない．

5. 第1条に言及されている決定が整合規格の欠点に基づくものである場合，欧州委員会は，第10条2項，3項および4項に定める手続きを直ちに開始しなければならない．欧州委員会は，同時に，第19条1項に言及されている委員会にも通知しなければならない．

6. 加盟国および欧州委員会は，手続きの過程で提供された情報に関して，正当な理由がある場合には，秘密保持を保証するよう必要な措置を講じなければならない．

7. 本条項に従って加盟国が下した決定は，明瞭な方法で公表されなければならない．

8. 当該決定に関する委員会の意見は，EU官報に告示されなければならない．

第8条　適合性評価

1. 製造者または認定代理人は，実施措置の対象となる EuP を上市および/またはサービス供与をする前に，当該 EuP について，適用される実施措置のあらゆる関連規定との適合性評価が実行されることを確実にしなければならない．

2. 適合性評価手続きは実施措置により特定されなければならず，付属書Ⅳに定める内部設計管理および付属書Ⅴに定めるマネジメントシステムの選択は，製造者に委ねられなければならない．適合性評価手続きは，然るべき正当性がありリスクとの均衡がとれている場合，決定 93/465/EEC に定める関連するモジュールの中から指定されなければならない．

   EuP の不適合の可能性を強く示唆する兆候がある場合，当該加盟国は，もしも是正措置が講じられるならば適時にそれが可能となるように，当該 EuP の適合性を裏付ける具体的な評価（監督機関が実施してもよい）をできる限り迅速に公表しなければならない．

   実施措置の対象となる EuP が，欧州共同体の環境管理・監査スキーム（EMAS）に自発的参加を許可している 2001 年 3 月 19 日付欧州議会および理事会規則（EC）761/2001[27] に従って登録された機関で設計され，その設計機能が登録範囲に含まれている場合，当該機関のマネジメントシステムは本指令の付属書Ⅴの要求事項に適合するものと見做されなければならない．

---

[27] EU 官報 L 114, 2001 年 4 月 24 日, P. 1

実施措置の対象となるEuPが，製品設計機能を有するとともに引用番号がEU官報に告示された整合規格に従い実施される環境マネジメントシステムを備えた機関により設計された場合，当該環境マネジメントシステムは付属書Vの対応する要求事項に適合するものと見做されなければならない．

3. 実施措置の対象となるEuPを上市および/またはサービスの供与をした後，製造者または製造者の認定代理人は，当該EuPの最後の製造から10年間，加盟国が検査できるよう，実行された適合性評価に関連する適切な文書および発行した適合宣言の関連文書を保管しておかなければならない．

当該関連文書は加盟国の管轄当局による要請を受けてから10日以内に提供しなければならない．

4. 第5条に言及される適合性評価に関する文書および適合宣言は，欧州共同体の公用語の一つを用いて作成されなければならない．

第9条　見做し適合

1. 加盟国は，第5条に言及されるCEマークを貼付したEuPが適用される実施措置の関連規定に適合しているものと見做さなければならない．

2. 加盟国は，整合規格が適用されたEuPは，その引用番号がEU官報に告示されている場合，かかる基準に関連して適用される実施措置のあらゆる関連規定に適合しているものと見做さなければならない．

3. 規則 (EC) 1980/2000 に従い欧州共同体のエコラベルが表示されている EuP は，かかる要求事項がエコラベルによって満たされる限り，適用される実施措置に適合しているものと見做さなければならない．

4. 本指令の内容における適合性の推定のために，理事会は，第19条2項に規定された手続きに従って他のエコラベルが規則 (EC) 1980/2000 に従った欧州共同体のエコラベルと同等の条件を満たすことを決定する場合がある．当該エコラベルに認定されている EuP は，適用可能な実施措置の環境配慮設計要求事項が当該エコラベルに合致する場合，これらの要求事項に適合すると見做されなければならない．

第10条　整合規格

1. 加盟国は，整合規格の準備および監視のプロセスについて，利害関係者が国家レベルで協議を受けられるように適切な対策が講じられることを可能な範囲で確実にしなければならない．

2. 加盟国または欧州委員会は，適用される実施措置の具体的な規定を満たすはずとされる整合規格がそれらの規定を完全に満たすものではないと判断した場合，指令 98/34/EC 第5条の下で設立された常任委員会（Standing Committee）に，その理由とともに通知しなければならない．常任委員会は，緊急事項として意見を公表しなければならない．

3. 欧州委員会は，常任委員会の意見を考慮し，EU 官報に当該整合規格の引用を告示する，告示しない，制限付きで告示する，継続する，または撤回するかを決定しなければならない．

4. 欧州委員会は欧州標準化機関に通知し，また必要に応じて，関連整合規格の改訂を目的として新たな要請書を出さなければならない．

第11条　構成部品および組品の要求事項

実施措置は，構成部品または組品を上市および/またはサービスの供与を行う製造者または製造者の認定代理人に対し，構成部品または組品の材料構成，エネルギー消費量，原材料および資源についての必要な情報を実施措置に規定されるEuPの製造者に対し，提供することを要求する場合がある．

第12条　行政の協力および情報交換

1. 加盟国は，本指令を遵守する責務を有する当局が互いに相互協力することを奨励するために適切な措置がとられることを確実にし，また，本指令，特に第7条の実施の運用を支援するために相互にまたは欧州委員会に対して情報を提供しなければならない．

   行政の協力および情報交換には，電子的媒体によるコミュニケーションを最大限に利用すべきであり，欧州共同体の関連プログラムの支援を受けることもできる．

   加盟国は，本指令の適用の責務を有する当局について欧州委員会に報告しなければならない．

2. 欧州委員会と加盟国間の情報交換の正確な性質および仕組みは，第19条2項に言及する手続きに従って決定されなければならない．

3. 欧州委員会は，本指令に規定される加盟国間の協力を奨励または協力に寄与するために適切な措置をとらなければならない．

第13条　中小企業

1. 中小企業 (SMEs) および零細企業が恩恵を得られるプログラムという文脈において，欧州委員会は，中小企業および零細企業が製品設計段階にエネルギー効率を含めた環境側面を統合するのを支援するイニシアティブを考慮しなければならない．

2. 加盟国は，特に支援のネットワークおよび仕組みを強化することにより，中小企業および零細企業が製品設計段階という早い段階において環境保全型アプローチを採択すること，さらに将来のEU法に適合することを奨励することを確実にしなければならない．

第14条　消費者への情報

適用される実施措置に従って，製造者は，適切であると考える形式で，EuPの消費者に以下の情報を提供することを確実にしなければならない．

— 当該製品の持続可能な使用において消費者が果たせる役割に関する必須情報
— 実施措置により要求される場合には，当該製品のエコロジカルプロファイルおよび環境配慮設計がもたらす利点

第 15 条　実施措置

1. EuP が下記第 2 項に記載された基準を満たしている場合，当該製品は実施措置の対象，または第 3 項（b）に従った自主規制措置の対象となる．欧州委員会が実施措置を採択する場合，同委員会は第 19 条 2 項に言及された手続きに従って行動しなければならない．

2. 第 1 項に言及されている基準は以下の通りである．

    （a）　入手可能な最新の数字によって欧州共同体内でかなりの量の，例示的には年間 200,000 ユニット以上の販売量または取引量がある EuP であること
    （b）　決定 No 1600/2002/EC に規定する共同体戦略的優先事項に特定されているように，上市および/またはサービス供与の量を考慮し，欧州共同体内で著しい環境影響を持つ EuP であること
    （c）　当該 EuP は，特に以下の点を考慮して，過度の費用を伴わず，環境影響に関し著しい改善の可能性を示すものでなければならない

    — 他に相当する法令がないこと，または本件を適切に扱う市場力の欠如
    — 市場で入手可能な同等の機能を持つ EuP との環境パフォーマンスにおける格差

3. 実施措置案の準備に当たり，欧州委員会は，第 19 条 1 項に言及された委員会により表明される見解を考慮しなければならず，さらに以下の点を考慮しなければならない．

(a) 決定 No 1600/2002/EC または欧州気候変動プログラム（ECCP）に規定される優先事項のような，欧州共同体の環境優先事項
(b) 関連する欧州共同体法ならびに自主協定のように第17条に従った評価により強制的要求事項に比べて迅速にあるいは少ない費用で政策目標を達成すると思われる自主規制

4. 欧州委員会は，実施措置案を整備するに当たり，

(a) EuP のライフサイクルおよびすべての著しい環境側面，特にエネルギー効率を考慮する．環境側面および改善点の実現可能性の分析は，各々の重要度に応じた程度にて行わなければならない EuP の著しい環境側面における環境配慮設計要求事項の適用は，その他の環境側面の不確かさにより，不当に遅れてはならない
(b) 欧州共同体の外の市場を含めての競争力，革新性，市場アクセス，コストと便益の点で，環境，消費者，中小企業を含む製造者への影響を考慮して評価を実施する
(c) 加盟国が適当であると考える現行の国内環境規定を考慮する
(d) 利害関係者との適切な協議を実施する
(e) サブパラグラフ（b）に言及された評価に基づく実施措置案の説明覚え書きを準備する
(f) いかなる段階的措置または移行措置においても，中小企業または主に中小企業に製造される特定の製品群への考えうる影響を考慮に入れ，実施日を設定する

5. 実施措置は，以下の基準に適合しなければならない．

(a) ユーザーの見地から，該当製品の機能への負の影響がないこと
(b) 健康，安全，環境に悪影響を及ぼさないこと

（c）特に該当製品の値ごろ感やライフサイクルコストについて著しい負の影響がないこと
　（d）製造者の競争力に著しい負の影響がないこと
　（e）原則として，環境要求事項の設定は，製造者に知的所有権で確保された技術を強いる結果にならないこと
　（f）製造者に対して過剰な管理上の負担がかからないこと

6. 実施措置は付属書Ⅰおよび/または付属書Ⅱに基づいた環境要求事項を規定しなければならない．

　特定環境配慮設計要求事項は著しい環境影響を持つ選ばれた環境側面のために導入されなければならない．

　実施措置は，付属書Ⅰのパート1に規定された中で，ある特定の環境配慮設計パラメータには，環境配慮設計要求が必要とされないことを規定する場合もある．

7. 要求事項は，市場監視当局により，該当 EuP が実施措置の要求事項に適合していることを検証できることを確実にするように策定されなければならない．

　実施措置は，直接 EuP について確認がなされるかどうか，または技術文書に基づくのかを特定しなければならない．

8. 実施措置には付属書Ⅶに列挙する要素が含まれなければならない．

9. 実施措置を整備するにあたり，欧州委員会に使用される関連調査および分析は，関心のある中小企業による容易なアクセスと使用を特に考慮し，

公的に入手可能でなければならない．

10. 適切な場合には，環境配慮設計要求事項を規定された実施措置は，第19条2項に従って欧州委員会に採択されるために，様々な環境側面のバランスについてのガイドラインが添付されなければならない．当該ガイドラインは，当該実施措置により影響を受ける製品分野において活動する中小企業の特殊事情をカバーするものである．必要な場合には，第13条1項に従って，中小企業による実施を促進するためにさらに専門的な資料が欧州委員会によって作成される場合がある．

第16条　作業計画

1. 第15条に規定された基準に従って，ならびに第18条に規定されたコンサルテーションフォーラムでの協議を持つことにより，欧州委員会は2007年7月6日までに作業計画を策定し，公にしなければならない．

 かかる作業計画は，次の3年間の間に実施措置採択のための優先事項として考えられる製品群のリストを設定しなければならない．

 かかる作業計画は，コンサルテーションフォーラムでの協議後，欧州委員会により定期的に見直されなければならない．

2. しかしながら，移行期間においては，第1項に規定された当初の作業計画が策定される間，欧州委員会は，第19条2項に規定された手続き，第15条に規定された基準に従って，またコンサルテーションフォーラムで協議した後，先取りして適切に以下を導入しなければならない．

— まず，暖房および温水機器，電気モーターシステム，家庭および第三次セクターにおける照明，家庭用電気製品，家庭および第三次セクターにおける事務機器，民生用電子機器およびHVAC（暖房・換気・空調）システムなど，コスト効果の高い温室効果ガス排出削減を提供できる可能性が高いとしてECCP（欧州気候変動プログラム）により認定された製品から開始する実施措置
— 製品群の待機時ロスを削減するための別の実施措置

第17条　自主規制

本指令の文脈において実施措置の代替策として提示された自主協定または他の自主規制措置は，少なくとも付属書Ⅷに基づいて評価されなければならない．

第18条　コンサルテーションフォーラム

1. 欧州委員会は，その活動にあたり，それぞれの実施措置について，加盟国の代表者および当該の製品や製品群すべての関係者（中小企業や工芸産業，労働組合，取引業者，輸入業者，環境保護団体，消費者団体を含んだ業界など）の平均的な参加を欧州委員会が監視することを確実にしなければならない．これらの関係者は，特に，実施措置の規定および見直し，確立された市場監視メカニズムの効果の検証および自主協定ならびにその他の自主規制措置の評価に貢献しなければならない．かかる関係者は，コンサルテーションフォーラムに出席しなければならない．本フォーラムの手続きの規則は欧州委員会により策定されなければならない．

第19条　委員会手続き（Committee procedure）

1. 欧州委員会は，委員会（a Committee）により支援されなければならない．

2. 本条に規定されている場合，決定1999/468/ECの第8条の規定を考慮しながら，第5条および第7条が適用されなければならない．

   決定1999/468/ECに規定された期間は3ヶ月で設定されなければならない．

3. 委員会は，かかる手続き規定（Rules of Procedure）を採択しなければならない．

第20条　罰則

加盟国は，本指令に従って採択された国家規定違反に適用される罰則を確定しなければならない．かかる罰則は，効果的で，バランスがとれ，抑止力があるものでなければならず，また，不適合の程度および欧州共同体市場に上市された不適合製品の数を考慮しなければならない．

第21条　修正

1. 指令92/42/EECは，以下の通り修正される．

1) 第6条は削除されなければならない.
2) 次の条項が挿入されなければならない.

"第10条a：

本指令は，使用中のエネルギー効率について，エネルギー使用製品に対する環境配慮設計要求事項設定のための枠組みを構築する2005年7月6日付欧州議会および理事会指令 2005/32/EC* の第15条の意味における実施措置を当該指令に従って制定するものであり，また指令 2005/32/EC 第19条2項に従って修正または廃止される場合があり得る."

3) 付属書Iの2項は削除されなければならない.
4) 付属書IIは削除されなければならない.

2. 指令 96/57/EC は以下のように修正される.

次の条項が挿入されなければならない.

"第9条a：

本指令は，使用中のエネルギー効率について，エネルギー使用製品に対する環境配慮設計要求事項設定のための枠組みを構築する2005年7月6日付欧州議会および理事会指令 2005/32/EC* の第15条の意味における実施措置を当該指令に従って制定するものであり，また指令 2005/32/EC 第19条2項に従って修正または廃止される場合があり得る."

---

* EU官報 L 191, 2005年7月22日, P.29

3. 指令 2000/55/EC は以下のように修正される．

"第9条a：

本指令は，使用中のエネルギー効率について，エネルギー使用製品に対する環境配慮設計要求事項設定のための枠組みを構築する 2005 年 7 月 6 日付欧州議会および理事会指令 2005/32/EC** の第 15 条の意味における実施措置を当該指令に従って制定するものであり，また指令 2005/32/EC 第 19 条 2 項に従って修正または廃止される場合があり得る．"

第22条　廃止

指令 78/170/EC および 86/594/EEC は，廃止される．加盟国は，本指令の下で製品関連の実施措置が採択されるなどの時点まで，指令 86/594/EEC の下で採択された現行の国内措置の適用を継続してもよい．

第23条　見直し

2010 年 7 月 6 日までに欧州委員会は，第 18 条に規定されたコンサルテーションフォーラムでの協議後，本指令の実効性，本指令の実施措置，実施措置の適用基準，市場監視の仕組み，関連して誘発された自主規制について再調査し，また適宜，本指令の修正のために欧州議会および理事会に提案書を提示しなければならない．

** 前ページと同じ．

第 24 条　守秘義務

第 11 条および付属書 I のパート 2 に規定される製造業者または製造者の認定代理人による情報提供に関する要求事項は，バランスのとれたものでなければならず，また商業上慎重を期する情報の正当な機密性保持について考慮しなければならない．

第 25 条　実施

1. 加盟国は，本指令を遵守するのに必要な法規，規則，管理上の規定を 2007 年 8 月 11 日より前に発効しなければならない．また，加盟国は，その旨を直ちに欧州委員会に通知しなければならない．

   加盟国がこれらの措置を選択する時は，本指令に対する言及がなされなければならず，あるいは官報告示の発表時点でかかる言及が付記されていなければならない．そのような言及を行う方法は加盟国により規定される．

2. 加盟国は，本指令に規定される分野において採択する国内法の主要な規定文書を欧州委員会に通知しなければならない．

第 26 条　発効

本指令は，EU 官報にて告示された日から 20 日後に発効するものとする．

第27条　宛

本指令は，加盟国に宛てられる．

2005年7月6日，ストラスブルグにおいて制定．

欧州議会　　　　　　　　理事会
議長　　　　　　　　　　議長
J. BORRELL FONTELLES　　J. STRAW

付属書 I：
一般的環境配慮設計要求事項の設定方法
（第15条で言及）

一般的環境配慮設計要求事項は，制限値を設けることなく著しい環境側面に重点をおき，EuP の環境パフォーマンスの改善を目的とする．本付属書に基づく方法は，検証対象の製品群に対して制限値を設けることが適切でない場合に適用される．欧州委員会は，第19条に言及された委員会に提出すべき実施措置案の準備時に，実施措置において特定すべき著しい環境側面を定義しなければならない．

第15条に従って一般的環境配慮設計要求事項を規定する実施措置の準備において，欧州委員会は必要に応じ実施措置の対象となる EuP についてパート1に掲げる中から関連する環境配慮設計パラメータ，パート2に掲げる中から情報提供要求事項およびパート3に掲げる製造者に対する要求事項を特定する．

パート1. EuP に対する環境配慮設計パラメータ

1.1 製品設計に関連する限り，著しい環境側面は製品のライフサイクルにおいて次に掲げる諸ステージに照らしあわせて特定される．

  （a） 原材料の選択および使用
  （b） 製造
  （c） 梱包，輸送および流通
  （d） 設置および保守
  （e） 使用

（f） 使用済段階，初回使用が最終処分まで最終段階に達した EuP の状態を意味する

1.2 各ステージに対して，以下の環境側面を適宜評価する．

（a） 材料，エネルギー，および淡水など他の資源の予想消費
（b） 大気，水または土壌への予想排出
（c） 騒音，振動，放射線，電磁界などの物理的影響による予想される汚染
（d） 予想される廃材料の生成量
（e） 指令 2002/96/EC を考慮に入れ，材料および/またはエネルギーの再使用，リサイクルおよび再生の可能性

1.3 特に，前述のパラグラフで言及されている環境側面の改善の可能性を評価するために，以下のパラメータを適宜使用し，また必要に応じ別のパラメータを補う．

（a） 製品の重量と容積
（b） リサイクル活動に由来する材料の使用
（c） ライフサイクルを通じたエネルギー，水，他の資源の消費
（d） 危険物質の分類，梱包およびラベル表示に関連する法律，規則および行政規定の近似化に関する 1967 年 6 月 27 日付理事会指令 67/548/EEC[28] に従い，かつ指令 76/769/EEC または 2002/95/EC などの特定物質の上市および使用に関する法規を考慮に入れ，健康および/または環境に有害と分類される物質の使用
（e） 適切な使用および保守に必要とされる消耗品の量と性質

---

[28] EU 官報 196, 1967 年 8 月 16 日, P. 1. 委員会指令 2004/73/EC により最後に修正された指令（EU 官報 L 152, 2004 年 4 月 30 日, P. 1）．

(f) 以下に示される再使用およびリサイクルの容易性：使用される材料および構成部品の数量，標準的構成部品の使用，分解に必要な時間，分解に必要な道具の複雑さ，再使用およびリサイクルに適した構成部品および材料を識別するための構成部品および材料のコード付け標準の使用（ISOに基づくプラスチック部品のマーク表示を含む），リサイクルが容易な材料の使用，貴重なまたは他のリサイクル可能な構成部品および材料へのアクセスの容易性，有害物質を含有する構成部品と材料へのアクセスの容易性

(g) 中古構成部品の組み込み

(h) 構成部品および機器全体の再使用およびリサイクルに弊害をもたらす技術的ソリューションの回避

(i) 以下によって示される耐用年数の延長：最低保証耐用年数，スペアパーツ入手に要する最低時間，モジュール性，機能向上性，修理可能性

(j) 廃棄物発生量および有害廃棄物発生量

(k) 非公道用輸送機械に搭載される内燃機関が排出するガス状および粒子状汚染物質の排出を禁ずる措置に関する，加盟国の法律の近似化についての，欧州議会および理事会による指令97/68/ECを侵すことのない，大気中への排出[29]（温室効果ガス，酸性化剤，揮発性有機化合物，オゾン層破壊物質，難分解性有機汚染物質，重金属，微粒子および浮遊粒子状物質）

(l) 水中への放出（重金属，酸素バランスに悪影響を与える物質，難分解性有機汚染物質）

(m) 土壌への放出（特に製品の使用ステージにおける危険物質の漏出と流出および廃棄物処分時に溶出する可能性）

---

[29] EU官報L 59, 1998年2月27日, P.1. 指令2004/26/ECにより最後に修正された指令（EU官報L 146, 2004年4月30日, P.1）.

パート2．情報提供に関連する要求事項

実施措置は，製造者以外の関係者によって当該 EuP が取り扱われ，使用され，リサイクルされる方法に影響を及ぼす可能性のある製造者が提供すべき情報を要求できる．

— 製造工程に関連した設計者からの情報
— 製品の上市された時に消費者が製品のかかる側面を比較できるよう，商品に付属した製品の著しい環境特性およびパフォーマンスに関する消費者向け情報
— 環境への影響を最小にし，最適な耐用年数を確保するための製品の設置，使用，保守の方法と使用済時の製品の返却方法に関する消費者向け情報，また必要に応じ，スペアパーツの入手可能期限および製品の機能向上の可能性に関する情報
— 使用済時の解体，リサイクルないし処分に関する処理施設向け情報
— 情報は可能な限り製品自体に関して与えられなければならない

この情報は，指令 2002/96/EC のように，他の欧州共同体法令に基づく義務を考慮する．

パート3．製造者に対する要求事項

1. EuP の製造者は，製品設計を通じて根本的に影響を受ける可能性のある，実施措置が定義する環境側面に焦点をおき，通常の条件および使用目的に関する現実的な想定に基づき，ライフサイクルを通じた EuP モデルの評価を行うことを義務づけられる．その他の環境側面を自発的に調査してもよい．

この評価に基づき，製造者はEuPのエコロジカルプロファイルを作成する．エコロジカルプロファイルは，環境に関連する製品特性および製品のライフサイクルを通じて発生する測定可能な物理量で表されるインプット/アウトプットを根拠とする．

2. 製造者は，代替設計ソリューションを査定するために，および製品の環境パフォーマンスのベンチマークと比較しての達成状況を査定するために，この評価を利用する．

ベンチマークは，実施措置の準備作業において集めた情報を基にして，実施措置として欧州委員会が決定する．

特定の設計ソリューションの選択は，すべての関連法に適合する一方，様々な環境側面の間の合理的バランス，ならびに，環境側面と安全・健康，機能・品質・性能に関する技術的要求事項，および製造コストや市場性など経済的側面を含む他の関連側面との合理的バランスを達成する．

付属書II
特定環境配慮設計要求事項の設定方法
（第15条で言及）

特定環境配慮設計要求事項の目的は，製品が選ばれた環境側面を改善することである．同要求事項は，該当する場合には，所与の資源の消費量削減を要求事項とすることがある．例えば，EuPのライフサイクルの各種ステージにおいて，資源の使用量に制限を設ける（例：使用ステージにおける水消費量の制限，所与の材料の製品への組み込み量の制限またはリサイクル材の最低量の要求など）．

第15条に従った特定環境配慮設計要求事項で規定された実施措置を整備するにあたり，欧州委員会は，必要に応じてその実施措置に規定されるEuPに対し，付属書Ⅰのパート1に規定された環境配慮設計パラメータのうち関連した環境配慮設計パラメータを特定する．また，第19条2項に規定された手順に従い，かかる要求事項の基準を以下のように設定する．

1. 技術的・環境的・経済的分析により，選択肢に関する経済的発展性を見失わないよう，かつ消費者にとって性能や実用性の著しい喪失を回避しつつ，市場に出ている対象EuPの多くの代表的なモデルを選択し，製品の環境パフォーマンスを改善するための技術的選択肢を特定する．

   また，技術的・環境的・経済的分析により，検討中の環境側面のために最適のパフォーマンスを持つ製品および市場で入手可能な技術を特定する．

   分析および要求事項の設定時には，国際市場で利用可能な製品のパフォーマンスおよび他国の法律に定められているベンチマークを考慮に入れなければならない．

   この分析に基づき，経済的・技術的実現可能性および改善の可能性を考慮に入れ，製品の環境影響を削減するための具体的な施策が講じられる．

   使用時のエネルギー消費量に関しては，他の環境側面への影響も考慮しながら，エネルギー効率基準または消費量基準が代表的EuPモデルの最終ユーザーにとって最低のライフサイクルコストを目標として設定されなければならない．ライフサイクルコスト分析方法では，欧州中央銀行から提供されるデータに基づく実質割引率およびEuPの現実的な耐用年数を使用する．つまり，分析方法は，（産業コストの変動値に起因する）購入価格の変動値および代表EuPモデルの運用経費における変動値の合計に基

づいている．この運用経費は耐用年数が終わるまで割り引いたものであり，技術的選択肢のレベルの違いによって変動する．運用経費には，一次エネルギー消費と，（水や洗剤などの）他の資源の追加費用が含まれる．

エネルギーまたは他の資源の価格，原材料費または製造費などの関連要素，そして該当する場合，外部環境コストを対象とする感度分析は，結果に著しい違いがでるか否か，全体的な結果が信頼できるものであるかどうかを確認するために実行する．それに応じて要求事項を適応させる．

水など他の資源にも同様の方法を適用できる．

2. 技術的・環境的・経済的分析の進展のため，欧州共同体の他の活動の枠組みにおいて入手可能な情報を利用することが可能であろう．

同様のことが，欧州連合と経済連携するパートナーと取引されるEuPの特定環境配慮設計要求事項を設定するために世界のほかの地域で適用されている現行プログラムから入手可能な情報についても適用される．

3. 当要求事項の発効日は当該製品の再設計サイクルを配慮する．

付属書III
CE マーク
（第5条2項で言及）

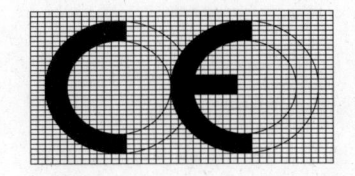

CE

CE マークは，タテの長さが最低5 mmでなければならない．CE マークを縮小または拡大する場合は，上図の目盛りの比率を尊重しなければならない．

CE マークは EuP に貼付しなければならない．それが不可能な場合には，梱包と付随文書に貼付しなければならない．

付属書IV
内部設計管理
（第8条で言及）

1. ここでは，本付属書の第2項に定める義務を履行する製造者または製造者の認定代理人が EuP を適用される実施措置の関連要求事項に適合させることを確保し，宣言する場合の手続きについて定める．適合宣言書は，一つまたは複数の製品を対象とすることができ，また製造者により保管されなければならない．

2. EuP が適用される実施措置の要求事項に適合していることを評価するための技術文書ファイルは，製造者が作成する．

文書化にあたっては，特に次に掲げる事項を明確に記載する．

(a) EuPとそれが意図される用途についての一般的説明
(b) 製造者が実施した関連の環境評価調査の結果，および/または製造者が製品設計ソリューションの評価・文書化・決定に使用した環境評価文献やケーススタディへの出典
(c) 実施措置により要求される場合は，エコロジカルプロファイル
(d) 製品の環境配慮設計側面に関連する製品設計仕様の要素
(e) 全面的または部分的に適用された第10条に述べた適切な整合規格のリスト，および第10条に述べた整合規格が適用されていない場合，もしくはかかる整合規格が適用される実施措置の要求事項を完全にはカバーしていない場合には，適用される実施措置の要求事項を満たすべく採用された解決策の記述
(f) 付属書Ⅰのパート2に定められた要求事項に従って提供された製品の環境配慮設計側面に関する情報のコピー
(g) 環境配慮設計要求事項に関して実施された測定結果．これには適用される実施措置に定める環境配慮設計要求事項と比較した場合の当該測定結果の適合に関する詳細を含む

3. 製造者は，第2項に言及されている環境配慮設計要求事項，および適用される当該措置の要求事項に従い，製品が確実に製造されるように必要なあらゆる対策を講じなければならない．

付属書Ⅴ
適合性評価のためのマネジメントシステム
（第8条で言及）

1. ここでは，本付属書の第2項の義務を履行する製造者がEuPを適用される実施措置の要求事項に適合させることを確保し，宣言する場合の手続きについて定める．適合宣言書は，一つまたは複数の製品を対象とすることができ，また製造者により保管されなければならない．

2. マネジメントシステムは，製造者が本付属書の第3項に規定される環境要素を実施するという条件で，EuPの適合性評価に活用できる．

3. マネジメントシステムの環境要素

本項では，EuPが適用される実施措置要求事項に適合することを製造者が証明できる環境マネジメントシステムの要素および手続きについて明記する．

3.1 環境製品パフォーマンス方針

製造者は，適用される実施措置の要求事項適合を証明することができなければならない．製造者はまた，環境製品パフォーマンス目的と全体的な環境製品パフォーマンスを改善するための指標を設定し，見直しするための枠組みを提供することができなければならない．

実施措置が要求される場合，製造者が設計および製造を通じて，EuPの全体的な環境パフォーマンスの改善およびEuPのエコロジカルプロファ

イルを確立するために採択した措置はすべて，書面による手続きならびに指示という形式で，体系的かつ秩序ある方法により文書化されなければならない．

かかる手続きおよび指示は，特に次に掲げる項目について十分な記述をしなければならない．

— EuP の適合性を証明するために用意しなければならない，また該当する場合，提示すべき文書の一覧表
— 環境製品パフォーマンス目的と指標およびその実行と維持に関する組織構造，資源配分，経営陣の責任と権限
— 環境パフォーマンス指標に対する製品パフォーマンスを検証するため製造後に実行されるべき検査および試験
— 必要な文書を管理し，かつそれを最新の内容にしておくことを確保するための手続き
— マネジメントシステムの実施および環境要素の効果を検証する方法

3.2 計画

製造者は次の事項を確立し，維持する．

a) 製品のエコロジカルプロファイルの作成手続き
b) 技術的および経済的要求事項を考慮に入れて技術上の選択肢を検討した，環境製品パフォーマンスの目的および指標
c) かかる目標を達成するためのプログラム

3.3 実施と文書化

3.3.1. 文書化にあたっては，マネジメントシステムに関して特に次に掲げる事項を記載すべきである．

a) 効果的な環境製品パフォーマンスおよびその見直しと改善の運用報告を確保するために，責任と権限が定義され文書化される
b) 実施された設計管理と検証手法，ならびに製品設計時に使用された工程および系統的対策を述べた文書が作成される
c) 製造者は，マネジメントシステムの中核環境要素および必要な文書全てを管理する手順を述べた情報を確立し，維持する

3.3.2. 文書化にあたっては，EuP に関して特に次に掲げる事項を明確に記載する．

a) EuP とそれが意図される用途についての一般的説明
b) 製造者が実施した関連の環境評価調査の結果，および/または製造者が製品設計ソリューションの評価，文書証明および決定に使用した環境評価文献やケーススタディの出典
c) 実施措置により要求される場合，エコロジカルプロファイル
d) 環境配慮設計要求事項に関して実施された測定結果を記述した文書．これには，適用される実施措置に定める環境配慮設計要求事項と比較した場合の当該測定結果の適合に関する詳細を含む
e) 製造者は，適合性を保証するために使用した手段を記載した仕様書を確立する．特に，第10条に言及される規格が適用されない場合あるいは関連する実施措置の要求事項を完全にカバーしていない場合には，適用した規格を記載する
f) 付属書 I のパート 2 に定められた要求事項に従って提供された製品の環境配慮設計側面に関する情報のコピー

3.4 確認および是正措置

a) 製造者は，EuP がその設計仕様および適用される当該措置の要求事項に従い，製品が確実に製造されるように必要なあらゆる対策を講じなければならない
b) 製造者は不適合状況を調査し，応じる手続きを確立，維持して，是正措置から生じた手順書の変更を実施する
c) 製造者は，少なくとも3年ごとに環境要素に関してマネジメントシステムの全面的な内部監査を実行する

付属書VI
適合宣言
（第5条3項で言及）

EC 適合宣言書には次の事項を盛り込まなければならない．

1. 製造者または製造者の認定代理人の名称と住所

2. 明白な識別のための十分なモデルの説明

3. 該当する場合，適用した整合規格の言及

4. 該当する場合，使用したその他の技術規格と仕様

5. 該当する場合，CE マーク貼付のために適用したその他の欧州共同体法令の言及

6. 製造者または製造者の認定代理人を拘束する権限を有する者の身元を証明するものと署名

付属書Ⅶ
実施措置の内容
（第15条8項で言及）

実施措置は，特に以下の内容を明示する．

1. 対象となるEuPの種類の正確な定義

2. 対象となるEuPの環境配慮設計要求事項，実施日，段階的措置または移行措置あるいは期間；

   — 一般的環境配慮設計要求事項の場合，定義された環境側面に関する改善評価時のガイダンスとして，付属書Ⅰ1.3項に言及された要求事項から選択されたパラメータの例と共に，付属書Ⅰ1.1項および1.2項に言及され選択された関連のステージおよび側面
   — 特定環境配慮設計要求事項の場合，その水準

3. 付属書Ⅰパート1に言及された環境設計のパラメータのうち，環境配慮設計要求が必要とされないもの

4. 考慮されるEuPの環境パフォーマンスに直接関連する場合，そのEuPの据付けに関する要求事項

5. 使用する測定基準および/または測定方法——可能ならば，EU官報で告

示された照合番号のある整合規格が利用される

6. 決定92/465/EECに基づく適合性評価の詳細

   — 適用するモジュールがモジュールAと異なる場合──その特定の手続きを選択するに至った要因
   — 該当する場合には，第三者の承認および/または認証の基準

   同一のEuPに関する他のCE要求事項に異なるモジュールが規定されている場合，当該要求事項に関しては，実施措置が定義するモジュールが優先される

7. 特に，当該EuPが実施措置に適合しているかのチェックを容易にするために必要とされる技術文書の内容に関して，製造者が提供すべき情報に関する要求事項

8. 実施措置が採択された日に加盟国領域内で効力を有している規制に適合しているEuPの上市を加盟国が認めなければならない移行措置期間

9. 技術的な進歩のスピードを考慮した，実施措置の評価および考えうる改定の日

付属書Ⅷ

自主規制イニシアティブは欧州共同体設立条約のすべての規定（特に域内市場および競争に関する規則）および多国間貿易ルールを含めた欧州共同体の国際的約束を遵守しなければならないという基本的な法的要求事項に加えて，以下

の指標となる基準を示した非包括的リストを使用して，本指令の文脈における実施措置の代替策としての自主規制イニシアティブの許容性を評価する場合がある．

1．参加の公開制
自主規制イニシアティブは，準備段階および実施段階の両方において，第三国の事業者でも参加できるものでなければならない．

2．付加価値
自主規制イニシアティブは，対象となるEuPの全体的環境パフォーマンスの向上という点において，（「現状（business as usual）」以上の）付加価値を提供しなければならない．

3．代表制
自主規制行為に参加する業界およびその団体は，例外はできる限り少なく，当該経済セクターの大多数を代表していなければならない．競争規則の尊重を確保する配慮がなされなければならない．

4．定量的かつ段階的な目標
利害関係者が定める目標は，まず現行水準を明確に定義するところから始め，明瞭かつ明白な言葉で定められなければならない．当該自主規制イニシアティブが長期的な期間に及ぶ場合，中間ターゲットが含まれていなければならない．明確かつ信頼性のある指標を使用して，手頃かつ信頼できる方法で，目標および（中間）ターゲットの遵守を監視することが可能でなければならない．研究に関する情報および科学的・技術的背景情報により，かかる指標の開発を促進しなければならない．

5. 市民社会の関与

透明性を確保する観点から，自主規制イニシアティブは，インターネットその他の電子的情報普及手段などを利用して公表されなければならない．

同じ事は，中間および最終の監視報告にも適用されなければならない．加盟国，業界，環境NGOおよび消費者団体などの利害関係者に，自主規制イニシアティブに関する意見を求めなければならない．

6. 監視および報告

自主規制イニシアティブは，業界および独立検査官の責任を明確に特定し，十分に設計された監視システムを備えていなければならない．欧州委員会と当該自主規制イニシアティブの当事者との協力関係の下に，欧州委員会の部局に目標の達成を監視するよう求めなければならない．

監視および報告に関する計画は，詳細，透明および客観的でなければならない．当該自主協定または他の自主規制措置の目標が達成されたかどうかの検討については，欧州委員会の部局が，第19条1項に言及されている委員会の支援を受けて，行わなければならない．

7. 自主規制イニシアティブ管理の費用対効果

自主規制イニシアティブの管理コスト，特に監視に関する管理コストは，その目標および他の利用可能な政策手段と比較して不相応な管理負担になってはならない．

8. 持続可能性

自主規制イニシアティブは，包括的アプローチを含めた，本指令の政策目標に対応するとともに，持続可能な開発の経済的社会的側面と整合性をもつものでなければならない．消費者利益（健康，生活の質および経済的利益）の保護が

取り入れられていなければならない．

9. インセンティブの整合性

自主規制イニシアティブは，他の要因およびインセンティブ——市場圧力，税金および国家レベルでの法律——が矛盾するシグナルを当該コミットメントの参加者に送ると，期待される成果を達成できない可能性がある．この点において，政策の一貫性は，必要不可欠であり，当該イニシアティブの効果を評価する場合に考慮されなければならない．

索引

欧文

3 R ……………………………………90
CEN（European Committee for Standardization）……………27, 45
CENELEC（欧州電気標準化委員会）
……………………………27, 45, 72
CE マーキング ………………39, 86
CE マーク ………………………38
EC 条約第 95 条 ………………10
EC 条約第 175 条 ………………10
EEE（electrical and electronic equipment）指令草案：電気・電子機器の環境影響に関する指令草案……17
ELV 指令（廃自動車指令）…………4, 16
EMAS（Eco-Management and Audit Scheme）：環境管理・監査スキーム
………………………………42
EPR（Extended Producers Responsibility）：拡大生産者責任
……………………………14, 88
ETSI（European Telecommunications Standards Institute）……………27, 45
IEC（International Electrotechnical Commission）国際電気標準会議
……………………………74, 104
IEC 62430 ……………………76, 78
IPP（Integrated Product Policy）：包括的製品政策 ………………6, 11, 30
ISO 14025 ……………………96
IT システム ……………………109
JBCE（Japan Business Council in Europe）…………………………110
JGPSSI（グリーン調達調査共通化協議会/日本）……………………103
JIG …………………………………103
LCA（Life Cycle Assessment）……108
LCT（Life Cycle Thinking）
……………………7, 12, 13, 23, 37
OECD ………………………………13
Preparatory Study ……………19, 24
REACH（欧州新化学品規則案）………4
RoHS 指令（有害物質規制指令）
……………………………4, 16, 23, 75
TBT（Technical Barrier to Trade）貿易の技術的障害……………………72
TC 108 ………………………………80
TC 111 ………………………………74
WEEE 指令（廃電気電子機器指令）
……………………………………4, 16, 23
WG（Working Group）………………75

ア 行

一般的環境配慮設計要求事項（Generic ecodesign requirement）………37, 56
一般的要求事項………………………26
エコデザイン指令 ………………23, 35
エコラベル……………………………44
エコリーフ環境ラベル………………96
エコロジカルプロファイル（Ecological profile）……………32, 36, 60, 96
エネルギー使用製品（EuP：Energy-using Product）…………24, 29, 33
エネルギー消費量……………………62

欧州委員会 ……………………………8
欧州議会 ………………………………9
欧州理事会 ……………………………9
汚染者負担原則（Polluter Pays Principle）……………………………14

カ 行

閣僚理事会 ……………………………9
家電リサイクル法 ……………………88
環境影響（Environmental impact）…35
環境総局（DG-Environment）………16
環境側面（Environmental aspect）…35
環境配慮設計（Ecodesign）…………36
環境配慮設計パラメータ …………56, 85
環境表示制度 …………………………99
勧告 ……………………………………10
企業総局（DG Enterprise）…………27
技術文書 …………………………43, 63
規則 ……………………………………10
京都議定書 ……………………………17
グリーン購入法 ………………………90
グリーン・プロダクト・チェーン …101
決定 ……………………………………10
構成部品（Components）…………34, 46
国際規格 ………………………………72
コンサルテーションフォーラム …52, 54

サ 行

サービス供与（Putting into service）
 …………………………………………35
作業計画 ………………………………52
サプライチェーン …………………23, 84
サプライヤー …………………………46
（社）産業環境管理協会 ………………96
資源有効利用促進法 …………………90
事前防止原則（Prevention Principle）
 …………………………………………14

実施措置（Implementing measures）
 ………………………………26, 34, 47
社内管理体制 ………………………106
循環型経済社会 ………………………88
循環型社会形成推進基本法 …………89
消費者 …………………………………47
省エネ法 ………………………………90
上市（Placing on the market）
 ……………………………24, 33, 35, 38
情報開示ツール ………………………96
情報提供 ………………………………59
指令 ……………………………………9
スケジュール …………………………18
整合規格（Harmonized Standard）
 ……………………………27, 32, 44, 45
製品アセスメント ……………………92
製品アセスメントガイドライン …91, 94
製品環境 ……………………………106
製品環境規制 …………………………22
製品環境政策 …………………………2
製品設計（Product design）…………35

タ 行

タイプIII環境ラベル …………………96
第6次環境行動計画 ………………5, 30
適合性評価 ……………………………41
適合宣言 …………………………39, 69
適合宣言書 ………………………63, 65
（社）電子情報技術産業協会 …………99
特定環境配慮設計要求事項（Specific ecodesign requirement）………37, 61
特定要求事項 …………………………26
トップランナー基準 …………………90

ナ 行

内部設計管理 ……………………41, 63
（社）日本電機工業会 …………………99

(社) 日本冷凍空調工業会 …………99
ニューアプローチ……………15, 27, 32

ハ 行

発生源での対応原則 (Ratification At Source Principle) ……………14
罰則…………………………………54

マ 行

マニュアル …………………107
マネジメントシステム …………41, 65
見倣し適合………………28, 33, 44

ヤ 行

予防原則 (Precautionary Principle)
　…………………………………14

ラ 行

ライフサイクル (Life cycle) ………35
ライフサイクル思考………………7, 37
リサイクル法………………………88
ロビー活動 …………………110

ワ 行

枠組み指令………………………26

執筆者一覧（執筆順）

本書は下記分担により執筆し，市川芳明氏に全体調整頂きました．
第1部
　　1章　　傘木和俊
　　2章　　齋藤　潔
第2部　　市川芳明
第3部
　　1章　　市川芳明
　　2章 2.1　齋藤　潔
　　　　 2.2　市川芳明

【著者紹介】

傘木和俊（かさぎ・かずとし）
　　社団法人産業環境管理協会化学物質管理情報センター所長
1978年　駒沢大学法学部卒　通商産業省入省（現経済産業省）　工業品検査所主任検査員，生活産業局新エネルギー担当官，工業技術院生態機能応用技術専門官，製品評価技術センター（現：独立行政法人製品評価技術基盤機構）企画課長補佐，情報システム室長，新エネルギー・産業技術総合開発機構統括研究員（化学物質管理技術グループ長）等を歴任
2003年　お茶の水女子大客員研究員
2004年　東京都揮発性有機化合物評価委員
2005年　独立行政法人製品評価技術基盤機構辞職，社団法人産業環境管理協会

齋藤　潔（さいとう・きよし）
　　社団法人日本電機工業会 環境部　技術第一課主任
1990年　専修大学文学部卒　社団法人日本電機工業会入社，原子力部にて原子力安全国際協力業務に従事
1997年　同工業会環境部．電機電子業界の環境問題への対応を推進中
　　　　IEC（国際電気標準会議）TC 111 環境配慮設計 WG 国際委員，3R 講師（(財)クリーン・ジャパンセンター／経済産業省）電気学会資源循環ネットワーク技術調査専門委員会委員，東洋大学，神奈川大学等の非常勤講師にも従事
1997年　法政大学大学院人文科学研究科修士課程終了

付属資料 I（EuP 原文）は日本機械輸出組合経由入手しました．
付属資料 II（日本語訳）は日本機械輸出組合の仮訳を市川芳明氏に完訳頂きました．

■ 編著者紹介

市川芳明（いちかわ・よしあき）
　　株式会社日立製作所 産業流通システム事業部 PLM ソリューションセンター 主管
　　工学博士，技術士（情報工学）

1979 年	東京大学工学部機械工学科卒業、株式会社日立製作所入社
	原子力の保全技術及びロボティクス分野の研究に従事
2000 年	環境ソリューションセンター長
2004 年	東京工業大学，お茶の水女子大学非常勤講師
2005 年	産業流通システム事業部 PLM ソリューションセンター主管兼環境本部担当部長
2005 年	IEC（国際電気標準会議）環境配慮設計 WG 国際主査

EuP 指令入門―エコデザインマネジメントの実践に向けて

　　　　　　　　　　　　　　　Ⓒ 2006（社）産業環境管理協会

2006 年 11 月 10 日　第 1 刷発行	編著者	市川芳明
	著　者	傘木和俊
		齋藤　潔
	発行所	社団法人産業環境管理協会
		〒 101-0044　東京都千代田区鍛冶町 2-2-1
		（三井住友銀行神田駅前ビル）
		電話（03）5209-7710　FAX（03）5209-7716
		http://www.jemai.or.jp
	印刷所	中央印刷株式会社
	発売所	丸善株式会社出版事業部
		電話（03）3272-0521　FAX（03）3272-0693

ISBN 4-914953-98-6 C 3053　　　　　　　　　　　　　　　Printed in Japan